故事里的哲学智慧
爱的付出与收获

总主编◎东方晨曦

编　著◎李翠玲

中国石油大学出版社
CHINA UNIVERSITY OF PETROLEUM PRESS

图书在版编目(CIP)数据

爱的付出与收获 / 李翠玲编著. —青岛:中国石油大学出版社,2015.10 (2019.7重印)
(故事里的哲学智慧 / 东方晨曦主编)
ISBN 978-7-5636-4999-0

Ⅰ. ①爱… Ⅱ. ①李… Ⅲ. ①人生哲学—青少年读物 Ⅳ. ①B821-49

中国版本图书馆 CIP 数据核字(2015)第 249747 号

书　　名:故事里的哲学智慧——爱的付出与收获
总 主 编:东方晨曦
编　　著:李翠玲

责任编辑:张　凤(电话 0532—86983563)
封面设计:荆棘设计

出 版 者:中国石油大学出版社
　　　　　(地址:山东省青岛市黄岛区长江西路66号　邮编:266580)
网　　址:http://www.uppbook.com.cn
电子信箱:suzhijiaoyu1935@163.com
印 刷 者:北京天宇万达印刷有限公司
发 行 者:中国石油大学出版社(电话 0532—86983437)
开　　本:170 mm×240 mm　印张:8　字数:120 千字
版 印 次:2016年1月第1版　2019年7月第2次印刷
定　　价:16.00 元

每个人的人生，都是充满奇妙故事同时充满哲学智慧的书卷，都是需要不断思考却又不可以重来的考场。人生的成功，常常不在于机遇的垂青，而取决于思考的力量。人生的哲学，作为人类理性思考的智慧结晶，存在于古今中外的人生实践中，并以故事的形式、深刻的哲学启迪着后人：思考比勤奋更重要，智慧比机遇更宝贵。

摆在广大青少年读者朋友面前的这套《故事里的哲学智慧》丛书，是对幸福人生的经验总结，是对成功人生的精华提炼，是对智慧人生的哲学概括。该丛书以生动的故事为立意起点，通过一个个奇妙精彩、感人肺腑、发人深省的人生故事，向读者阐述简明而深刻、通俗而精辟的人生哲学。

《人品决定命运》，从品格修养与性格塑造的角度出发，通过不同的人生故事阐释了人品与命运的支配关系，以生活中实际发生的情感故事，说明了这样的哲理：人品是人生的定盘星，是命运的操盘手。本书从不同的角度具体介绍了人品修炼与品格塑造的途径，是一本青少年人生修养的宝典。

《志向引领人生》，以点明志向对人生的价值和意义为出发点，通过平凡人物的非凡人生故事，说明理想抱负对改变人生的重要作用；通过许多伟人名人的非凡成长经历，诠释远大志向对成功人生的意义。本书以动人的故事，解读了人生志向的精确内涵和追求梦想的实践途径，同时说明没有梦想的人生是灰暗的，没有追求的人生是平庸的。

《自信自强的力量》，以大量动人的故事阐释了"自信者乃人生之王"的深刻哲理。每个人身上都蕴藏着巨大的宝藏，自信心就是开启内心宝藏的金钥匙。有了自信，就能发现自己与众不同的闪光点，在平凡中创造出伟大。本书分析了自信人生的智慧所在，介绍了走向自强自立的成功秘诀，从而帮助每一个有梦想、有追求的人，凭借自信自强的力量做命运的真正主人。

《爱的付出与收获》，以感人至深的爱心故事，从全新的角度说明了爱心与善举的含义，介绍了施爱与感恩的目标与方式。全书为读者奉献了一个个温暖人心的爱心故事，启迪青少年读者奉献爱心。本书告诉青少年读者，任何人拥有了爱的宝贵资源，人生就会变得富有和幸福；给予他人的爱心、善意、同情、扶助越多，所能得到的也会越多。

《勤学一定有收获》，整合了大量新鲜有趣、耐人寻味的精彩故事，重点阐明了这样一个哲理：勤学一定有收获，精彩人生靠勤学。"黑发应知勤学早，白首方悔读书迟。"全书引导广大青少年读者把学习作为生命的一部分，勤学不辍、积极上进。

《把握言与行的尺度》，从解读言与行的辩证关系入手，说明勤奋敢行、努力行动就能改变人生，升华生命的价值。须知，惰性是普遍而顽固的人性弱点，言而不行，想而不做，就只能在等待中耗尽生命，在失望中度过人生。本书从多个方面告诉读者：自立者，天助之，即使成功之路漫长遥远，立即行动定会赢得明日的鲜花与掌声。

《推开心灵的窗户》，紧扣培养心理品质与保持心理健康这一主题，用一些生活中常见的人生故事，从正、反两个方面说明了成功人生必须拥有健康良好的心理品质这个深刻的道理。不同的心灵状态，左右了不同的人生选择；不同的人生结局，皆是心理品质驱使的结果。本书从多个方面指导青少年学会修炼积极的心态，让心灵充满阳光。

《逆境是人生的美味》，借助凡人故事和名人经历中战胜逆境挫折的奋斗过程，告诉青少年读者，没有谁不会经历磨难和打击，成功者身上最宝贵的特质就是：不怕失败，把逆境当作开启新生的磨砺洗礼。本书从不同的角度讲解和介绍了战胜挫折与摆脱逆境的人生修炼方法。

该丛书语言清新亲切，故事感人至深，内容贴近生活，道理深入浅出，具有启迪性、趣味性、可读性、实用性等鲜明特点，是广大青少年在学校和课堂学不到的人生经验，是社会实践积淀的生活智慧。

"读精彩故事，悟人生哲学。"该丛书旨在帮助广大青少年读者为自己的梦想插上翅膀，让自己的心灵洒满阳光，穿过生活的丛林，寻觅幸福的芳草，追寻人生的春天。

编　者

2015 年 10 月于北京

目 录

Contents

❋ 第六章　常怀一颗感恩的心

❋ 第七章　让利于人，克服自私心理

❋ 第八章　互助合作——打开成功之门的钥匙

❋ 第九章　用谅解和宽容解开怨恨的死结

第一章

付出爱心，让世界充满温暖的阳光

　　友爱是世间最神圣、最美丽、最有力量的人类情感。一个人具有友爱之心并能无私奉献，用自己的爱心去温暖别人，就可以从渺小变成伟大，从平庸变成卓越，从卑贱变成高尚，从短暂变成永生。当我们诚挚地关心他人时，会在无形中传播着爱的力量；当我们尽力去爱他人时，会使自己的人格变得高尚。善行必有善报，帮人即是帮己。

1. 奉献爱心，温暖别人

爱是生命的火焰，没有它，一切变成黑夜。

——［法］罗曼·罗兰

爱心是我们人类脱离动物本能、拥有高尚情操的重要标志，也是人类社会和平生活、和谐相处的文明善举。有了爱，人与人之间才会牢牢地连接在一起，与生活中的困难相对抗；有了爱，我们的生活才会充满灿烂的阳光；有了爱，我们才会充满干劲，孜孜不倦地对待生活中的每一件事物。爱就是一种力量！

"如果人人都献出一点爱，世界将变成美好的人间。"想要得到爱必须先付出爱。在漫漫的人生道路上，我们如果觉得自己孤寂，觉得没有人关心，觉得在生活中处处都碰到困难，那么，就应当静下心来想一想："我向别人付出了自己的爱心了吗？""我善于帮助别人吗？""我使别人快乐了吗？"只有向社会、向他人奉献了自己的爱，我们才能得到爱的温暖和回报，才能得到快乐。

施爱于人，会在他人心中树起丰碑；给别人以帮助和鼓励，自己不但不会有损失，反而会有所收获。通常，一个人给别人的帮助和鼓励越多，从别人那儿得到的收获也越多。而那些吝啬的人，对他人不表示同情、不给予赞助的人，无疑使自己陷于孤独无助的境地。有时说几句鼓励的话，就可以造就许多的成功者，也就大大地有利于世界。

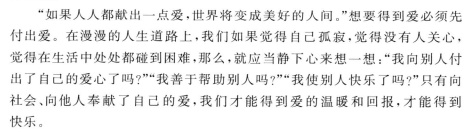

精彩故事 ①

❋ 罗斯福总统和仆人们

西奥多·罗斯福是美国最受人们欢迎的总统之一。他不仅拥有雄才大略，而且能用爱心平等地对待身边的每一个人，所以，连他的仆人都喜爱他。他过去的黑人男仆詹姆斯·亚默斯，在罗斯福离职之后，专门写了一本关于

他的书，取名为《西奥多·罗斯福——他仆人的英雄》。在这本书中，亚默斯讲述了一个个富有启发性的故事。

"有一次，我太太问总统关于一只鹌鸟的事。她从来没有见过鹌鸟，于是总统详细地描述了一番。没过多久，我们小屋的电话铃响了。我太太拿起电话，原来是总统本人打来的。他说，他打电话给我太太，是要告诉她，我们家窗口外面正好有一只鹌鸟，如果她往外看，可能看得到。总统时常做出这类的小事。每次他经过我们的小屋，即使他看不到我们，我们也会听到他轻声叫道：'呜，呜，呜，安妮！'或'呜，呜，呜，詹姆斯！'这是他经过时一种友善的招呼。"

仆人怎能不喜欢他这样的人？任何人怎能不喜欢他？有一天，罗斯福到白宫去拜访，碰巧塔夫脱总统和他太太都不在。他真诚地喜欢身份卑微者的情形全表现出来了，因为他向所有的白宫旧仆人打招呼时，都叫出名字来，甚至厨房的小妹也不例外。当他见到厨房的亚丽丝时，就问她是否还烘制玉米面包。亚丽丝回答他，她有时会为仆人烘制一些，但是楼上的人都不吃。罗斯福有些不平地说："他们的口味太差了，等我见到总统的时候，我会这样告诉他。"亚丽丝端出一块玉米面包给他，他一面走向办公室，一面吃着。在经过园丁和别的人身旁时，还跟他们打招呼……他对待每一个人，就同他以前一样。大家仍然彼此低声讨论这件事，而艾克胡福眼中含着泪说："这是将近两年来我们唯一有过的快乐日子，我们中的任何人，都不愿意把这个日子跟一张百元大钞交换。"

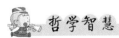
哲学智慧

罗斯福总统之所以成功，其中非常重要的一点，就是他的人脉关系。他以爱心、平等之心感化了每一位美国人，从而使他的支持率冠于历届总统之首。

可见，在人与人之间，爱心、友情、关怀是必不可少的情感。这些情感能使人心越走越近，关系越来越融洽。这对于一个想有所作为的人来说，可谓非常重要。可以说，这种赢得人心的素质，比知识、技术等各种才能、素质都重要。因为单有其他任何一样本领和能耐，都不足以支持一个人走上成功之路，唯有用友爱之心赢得人心的人，无须其他条件相助，就可成就大事业。

精彩故事 **2**

❋ 喜马拉雅山历险奇遇

一天,旅行家辛格和一位朋友要穿越喜马拉雅山脉的某个山口。在跟一场暴风雪搏斗了将近 3 个小时之后,他们精疲力竭,又冷又饿,真想坐下来喘一口气。但他们不敢,一旦坐下来,他们很可能会变成两根冰棍,再也别想站起来了。他们只有靠不停走动来保持体温。

在他们的冒险生涯中,虽然这不是第一次面临生死威胁,但这一次的境遇显然比以往任何时候都要恶劣。两个人都在想,也许应该准备得更充分一点再到这个险恶的地方来,也许根本就不应该在这个该死的季节到这个天寒地冻、荒无人烟的鬼地方来。不过,现在想什么都晚了,他们只希望在最后一丝体力用尽之前能找到有人居住的地方。

忽然,他们看见雪地里躺着一个昏迷不醒的人,他的半个身子已被雪掩埋。此人显然是他们的同行,也跟他们一样不走运,被暴风雪打败了。辛格顿生恻隐之心,蹲下来一检查,发现这个人还活着,只是被冻晕了。如果将他带到温暖一点的地方,也许有救。辛格跟朋友商量,要不要设法带走这个倒霉的家伙。朋友惊叫起来:"别干傻事,辛格!我们自身难保,带上一个累赘,我们都会丧命的。"

朋友的话确实有道理,辛格不禁犹豫起来……

略一犹豫之后,辛格决定帮助这个半死不活的人。见死不救对辛格来说是不可想象的。他让朋友将此人扶到自己的背上,朋友冷冷地说:"既然你执意要救他,那么好吧,这是你的事,跟我无关!"说完,朋友独自一人往前走了。

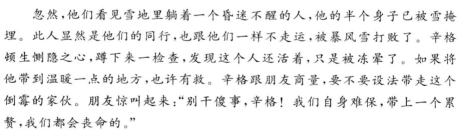

辛格费了很大的劲儿,才把这个昏迷的人抱起来,放在自己背上,一步一步地往前走。这个人很重,尽管是在冰天雪地里,但是走不多久,辛格已浑身发热。他的体温使背上那个冻僵的躯体温暖起来,那人活过来了。没过多久,两人便并肩前进了。

当他们走到另一个山口时,辛格发现了他那位独自离去的朋友,他正躺在雪地里,已经死了,是被冻死的。

哲学智慧

世界上到处都有给那些爱人者、助人者建立的纪念碑，这些纪念碑不仅是用大理石或古铜建成的，而且是建立在他人心中，尤其是那些受助者和被感动者心中的一座丰碑。

复杂的社会，不同的人性表现，会让很多人在接触大量负面信息后形成一种看法，即这个世界是一个卑鄙的、残忍的、充满暴力的场所。这种看法会导致善良美德的危机。

其实，正是因为社会上有一些丑恶的东西，才需要弘扬善良的美德。从总体上说，人心总是向善的，也是渴望被别人善待的。因此，只要我们善待别人，别人就会善待我们，甚至一些被人们视为罪犯的恶人，都会被善良所感化，从而弃恶从善，重新做人。所以，说善良无敌是一点不夸张的。

精彩故事 3

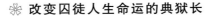

※ 改变囚徒人生命运的典狱长

1921年，路易斯·劳斯出任星星监狱的典狱长，那是当时最难管理的监狱。可是20年后，当劳斯退休时，该监狱却成为一所提倡人道主义的机构。研究报告将功劳归于劳斯，当被问及该监狱改观的原因时，他说："这都是因为我已去世的妻子——凯瑟琳，她就埋葬在监狱外面。"

凯瑟琳是三个孩子的母亲。劳斯成为典狱长时，每个人都警告她千万不可踏进监狱，但这些话拦不住凯瑟琳！第一次举办监狱篮球赛时，她带着三个可爱的孩子走进体育馆，与服刑人员坐在一起。

她的态度是："我要与丈夫一起关照这些人，我相信他们也会关照我们，我不必担心什么。"

一名被定为谋杀罪的犯人瞎了双眼，凯瑟琳知道后便前去看望。

她握住他的手问："你学过点字阅读法吗？"

"什么是'点字阅读法'？"他问。

于是凯瑟琳教他阅读。多年以后，这人每逢想起她都会流泪。

凯瑟琳在狱中遇到一个聋哑人，结果她自己到学校去学习手语。在1921年至1937年的十几年间，她经常造访星星监狱。

后来，凯瑟琳不幸在一桩交通事故中逝世。第二天，劳斯没有上班，代理典狱长暂代他的工作。消息似乎立刻传遍了监狱，大家都知道出事了。

接下来的一天，凯瑟琳的遗体被运回家，她家距离监狱不到一里路。代理典狱长早晨散步时惊愕地发现，一大群最凶悍、看来最冷酷的囚犯，竟齐集在监狱大门口。他走过去看，见有些人脸上带着眼泪。他知道这些人极爱凯瑟琳，于是转身对他们说："好了，各位，你们可以去，只要今晚记得回来报到！"然后他打开监狱大门，让一大队因犯走出去，在没有守卫的情形之下，走近一里路去看凯瑟琳最后一面。结果，当晚每一位狱囚都回来报到。无一例外！

哲学智慧

爱心是一种神圣的力量。凯瑟琳以爱的方式感化了每一位囚徒，并以自己的爱赢得了他人的爱。相信每一位囚徒的生命也将因此而改变。

爱使生命圣洁。凡爱所在之处，你必能看见神圣的光辉。因为爱使人的人性提升，从而能以超脱尘世的眼光看待这个世界。

因为有爱，寻常的东西也会变得意义非凡，散发出特有的光彩。

爱能使灵魂从心底深处觉醒。当你爱别人的时候，你和周围世界一分为二的界线将会消失，人我的区分不再存在，你将体验到完整的自我。一旦有了这种体验，你在宇宙中不再是一个孤立的个体，你的生命和你所爱者的生命之间，从此有了交流。你全心倾注于他们，他们也全心倾注于你，彼此的灵魂相互靠近、相互交融。

2. 最幸福的人是被爱包围的人

有爱慰藉的人，无惧于任何事物、任何人。

——［法］彭沙尔

不记得是哪个人说过这样一段话:"假如世界末日真的降临,能让人类无比留恋、能给人类带来最后希望的只有人间的真爱。"

爱,是那样美好,以至于我们无论用怎样的词汇来描绘,总也无法道尽爱的真谛。爱,又是那样久远,以至于我们无论经过多少年,总也无法忘记爱的珍贵。

我们每天都生活在爱的海洋里,母爱、友爱、情爱等,都让我们得到了人类最美好、最珍贵的情感。一句温暖的话,一个温情的动作,一个温柔的眼神,一个温馨的电话,只要我们听到了,看到了,感受到了,接到了,就会不断地温暖自己,不断地获得幸福,让自己被爱包围。哪怕别人只是不经意的,我们也会多情地回忆,但不要去打搅他,静静的守候也是一种幸福!

人的一生总会爱别人和被别人爱。假如没有爱,我们的人生就会被仇恨、愤怒、嫉妒等这些心灵的毒虫包裹着、噬咬着,生命将在失去色彩后再也不会快乐与幸福。所以,让我们都成为一个被爱包围的人吧。因为一份发自内心的爱,实在是上帝赐给每个人的永远也不能放弃的最有价值、最有意义的礼物。

精彩故事 ①

❊ "9·11"的生命留言

那一刻,就像是世界末日。当恐怖分子的飞机撞向世贸大楼时,银行家爱德华被困在南楼的 56 层。到处是熊熊的大火和门窗的爆裂声,他清醒地意识到自己已没有生还的可能,在这生死关头,他掏出了手机。爱德华迅速按下第一个电话。刚举起手机,楼顶忽然坍塌,一块水泥重重地将他砸翻在地。他感到一阵眩晕,知道时间不多了,于是改变主意,按下了第二个电话。可还没等电话接通,他想起一件更加重要的事情,又拨通了第三个电话……

爱德华的遗体在废墟中被发现后,亲朋好友沉痛地赶到现场。其中有两人收到过爱德华临终前的手机信号,一个是他的助手罗纳德,另一个是他的私人律师迈克。可遗憾的是,两人都没有听到爱德华的声音。他俩查了一下,发现爱德华遇难前曾拨出过三个电话。

第三个电话是打给谁的? 他在电话里说过什么? 他俩推断,很可能与爱德华的银行或遗产归属权有关。可爱德华无儿无女,又在5年前结束了他失败的婚姻,如今只有一个瘫痪的老母亲,住在旧金山。

当晚,迈克律师赶到旧金山,见到了爱德华悲痛欲绝的母亲。老人流着泪说:"爱德华的第三个电话是打给我的。"迈克严肃地说:"请原谅,夫人,我想我有权知道电话的内容,这关系到您儿子庞大遗产的归属权问题,他生前没有立下遗嘱。"可老人摇摇头,说:"爱德华的遗言对你毫无用处,先生。我儿子在临终前已不关心他留在人世的财富,只对我说了一句话……"

迈克含着激动的泪水告别了这位痛失爱子的母亲。

不久,美国一家报纸在醒目的位置刊登了"9·11"灾难中这名美国公民的生命留言:妈妈,我爱你!

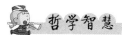

这个故事已被无数的人传播了无数次,但每当人们重温一遍这个故事时,心都像被撞击了一次。人的生命是那样宝贵,但当宝贵的生命即将离我们而去时,最让我们留恋的就是那什么都无法代替的母爱。

爱,是人类最美好、最珍贵的情感。一个被爱包围的人应当是世界上最幸福的人。但是,若要得到别人的爱,我们必须先献出自己的爱给别人。生活中,只有母亲总是无私地把爱给了孩子,而孩子却很少想到以爱回报自己的母亲。唯有到了那一刻,那种生命弥留前的短暂时间里,一切都可能被忘记、被放弃,只有母亲,成了我们最后的挂念,让我们留下最终的遗言。

精彩故事❷

❀ 一封来自天堂的家书

詹姆斯·伍兹的父亲是个军人。父亲的童年正好遇上美国经济大萧条时期,母亲也是一样。因此,他们很注意让自己的孩子得到他们自己在童年时渴望但又无法得到的东西。

伍兹在8岁那年,着了魔似的渴望在过圣诞节时能有一台电唱机作为圣诞礼物。他心里明白,父亲的薪水十分微薄,根本没有多余的钱为他买电唱机。但父亲在军需处的一个供应社谋得了一份兼职。那年圣诞节前,父亲每天在午餐时间干1小时的活儿,每小时1美元,一连干了25天。他不顾自尊,为自己的下属服务,而这一切只是为了给孩子买那台电唱机。

一年后,父亲要做心脏手术,输血的血型配得不够好,结果产生了输血反应。在最后的5天里,他意识到自己将不久于人世了。父亲在去世的那一天打电话给伍兹当时才3岁的弟弟,对他说自己已经去世了,去了天堂。他说:"上帝让我打电话给你,跟你说声再见。你不要害怕,也不要难过,因为我很好。我只是想让你知道我很想念你。"

父亲还给伍兹写了一封信。他在信中说,他为伍兹在学校里的成绩感到骄傲,他希望有一天伍兹能上麻省理工学院——后来小伍兹果真上了麻省理工学院。他还对伍兹说,他相信伍兹无论做什么事,只要尽力肯定会成功的。

在詹姆斯·伍兹参加学校为七年级和八年级优等生举行的颁奖午餐会的那天,母亲把父亲那封最后的信给了他。那真是伍兹终生难忘的一天。他当时并没意识到父亲是在多么艰难的时刻写的这封信。当时父亲明白自己的时间不多了。他在母亲怀中离开人世时,对母亲说的最后一句话是:"要让孩子高高兴兴地参加完学校的颁奖午餐会,等午餐会结束了再告诉他我的事。"

母亲和父亲只为一件事真正争吵过,这件事涉及钱。父亲想要为全家人已经抵押出去的住房买份保险。他对母亲说:"这笔投资是省不得的。要是我有什么不测,你和孩子们还能保住这屋子。""我们没钱买这保险。"母亲说。

6个月后,父亲去世了。母亲想,这下全家要被扫地出门了。但在3个星期后,保险公司的理赔员带来了一张支票,那笔钱正好是家里所欠的房款。父亲在去世前设法偷偷省着钱,买了抵押保险,并一直在缴付保险费。现在他安静地躺在墓地里,却还在关怀和照料自己深爱着的家人。

长大成人后的詹姆斯·伍兹,始终记着父亲的嘱托,最终成了美国著名的演员,并捧得了金球奖和埃米金像奖。

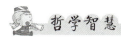

这是一位平凡而伟大的父亲,他默默地尽到了自己所有的责任。想想我们自己父母的艰辛,也想想有一天我们自己如何为人父母。也许当我们真正懂得父母的爱心时,我们可能在这个世界上的时间已经不多了。

父母给予我们的爱,常常是细小琐碎却无微不至,而这种伟大的爱却常常被我们忽视。我们有时还会因为琐碎而对父母产生抵触情绪,甚至反感。在人生道路上,我们也许会记得感谢帮助过我们的朋友,也许会记得感谢辛勤培育我们的老师……是的,他们当然是我们要感谢的人,可同时,我们不应该忘记,父母永远是我们最值得感谢的人!

精彩故事 3

❋ 送给母亲的生日鲜花

比尔是一家银行的高级职员。一年四季,他都在忙碌着。他在为工作埋头忙碌过冬季之后,终于获得了两个礼拜的休假。他老早就计划利用这个机会到一个风景优美的观光胜地去,泡泡音乐厅,交些朋友,喝些好酒,随心所欲地休憩一番。

临行的前一天下班回家,比尔十分兴奋地整理行装,把大箱子放进轿车的车厢里。第二天早晨出发前,他打电话给母亲,告诉她去度假的主意。母亲说:"你会不会顺路经过我这里,我想看看你,和你聊聊天,我们很久没有见面团聚了。""母亲,我也想去看你,可是我忙着赶路,因为已经和别人约好了见面时间。"比尔说。当他开车正要上高速公路时,忽然记起今天是母亲的生日,于是他绕回一段路,停在一个花店前。店里有个小男孩,正挑好一束玫瑰,在付钱。小男孩面有愁容,因为他发现所带的钱不够,少了10元。

比尔问小男孩:"这些花是做什么用的?"

小男孩说:"送给我妈妈,今天是她的生日。"

比尔拿出钞票为小男孩凑足了花钱。小男孩很快乐地说:"谢谢您。我妈妈会感激您的慷慨。"

比尔说:"没关系,今天也是我母亲的生日。"

小男孩满脸微笑地抱着花转身走了。

很快,比尔也选好了一束玫瑰、一束康乃馨和一束黄菊花。付了钱,给花店老板写下他母亲的地址,然后发动车继续上路。

仅开出一小段,转过一个小山坡时,比尔看见花店中碰到的那个小男孩,他跪在一个小墓碑前,把玫瑰花摊放在碑上。小男孩也看见他了,挥手说:"先生,我妈妈喜欢我给他的花。谢谢您,先生。"

比尔什么也没说,他只是将车又开回花店,找到老板,问道:"刚才我订的那几束花是不是已经送走了?"

老板摇头说:"还没有。"

"不必麻烦你了,"比尔说,"我自己去送。"

哲学智慧

在比尔身上我们会发现很多人的影子。当我们年轻时,我们真的不知道母子之间的真情有多么重要。只有到了为人父母时,才对故去的充满深深爱意的母亲产生无比的怀念。所以,趁着双亲健在,我们无论多忙,都要抽空去看他们。

懂得真爱的人,从不会只为自己着想。付出真爱的人,也从不找任何借口。在这样的人心中,爱是神圣不可侵犯的。一个连自己的母亲都不放在心里的人,心中也不会放下任何东西,除了他自己。这就是那个不知名的小男孩,给我们上的一堂人生课。

3. 让友爱滋润你的灵魂

友谊是一棵可以庇荫的树。

——[英]塞缪尔·柯尔律治

即使我们拥有了所有成功与财富,如果失去了爱,也将失去人生的全部。无论我们是怎样的人,只要真诚地爱别人,就一定可以赢得爱的回报。友爱是成就事业、创造人生的最宝贵的财富,是最有价值的生命意义。

友爱是一种特殊的人类关系。恋人的关系,家族的纽带,尽管也是密切的,但从一定意义上来讲,它们有着自然的、本能的需求。而友爱却是只有人类才具有的,是人的生活中不可缺少的要素。

友爱是当你接近沉沦或危难当头时突然增添的助飞螺旋。它可以是金钱、是眼泪、是劝慰、是忠告,也可以是呵斥、是暴怒,甚至是耳光,当然也包括帮你在爱人面前善意地撒个小谎,出个伪证。友爱是靠付出才能得到的。如同在银行存款,只有平时多存本,动用本息时才心安理得。

友爱于人生至关重要,但不可滥用,也不可过分依赖,因为它毕竟是助飞的螺旋,一旦主机毁损失衡,外力将爱莫能助,甚至会殃及助力。因此,我们应当自立自强,将友情潜置于生命意义之中,与友人彼此倾慕,相互欣赏。

清凉灰冷的日子委实难熬,但有了弥足珍贵的友爱,足以壮人生之行色。

精彩故事 ①

❋ 三位特殊的访客

一个妇人出门时看到三位老人坐在她家门前,妇人与他们素不相识,她上前对他们说:"你们一定饿了,请进屋吃点东西吧。"

"我们不能一同进屋。"老人们说。

"那是为什么?"妇人感到疑惑。

一位老人指着同伴说:"他叫财富,他叫成功,我是爱。你现在进去和家人商量商量,看看需要我们哪一个。"

妇人回去和家人商量后决定把爱请进屋里。

妇人出门问三位老人:"哪位是爱?请进来做客。"爱老人起身朝屋里走去,另外两位也跟在后面。

妇人感到惊讶,问财富和成功:"你们两位为什么也进来了?"

老人们一同回答:"哪里有爱,哪里就有财富和成功。"

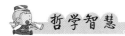

　　我们播下什么，就会收获什么；我们如何对待别人，别人就会同样地对待我们。就像种子撒在泥土中，到了春天会开出美丽芳香的鲜花，爱和友善的种子撒在别人的心里，我们也会不经意间闻到鲜花的芬芳，得到丰收的喜悦。

　　如果丢了财富，你只失去了一点；如果没了信誉，你会失去很多；如果没有爱，你将失去人生的全部。

　　我们都不是独个地生活在这个世界上，这个世界最需要的支撑就是爱。无论走到哪里，你都会发现，只要你真诚地爱别人，就可以赢得爱的回报。

精彩故事 2

✳ 爱别人其实就是爱自己

　　一只小蚂蚁在河边喝水，不小心掉进了河里。

　　它用尽全身力气想靠近岸边，但没一会儿就游不动了，只能在原地打转。小蚂蚁近乎绝望地挣扎着。

　　这时，一只正在河边觅食的大鸟看见了这一幕，它同情地看着这只可怜的小蚂蚁。然后它衔起一根小树枝扔到小蚂蚁旁边，小蚂蚁挣扎着爬上树枝，终于脱险并回到岸上。

　　当小蚂蚁在河边草地上晒身上的水时，它听到了一个人的脚步声。

　　一个猎人轻轻地走过来，手里端着枪，准备射杀那只大鸟。

　　小蚂蚁迅速地爬上猎人的脚趾，钻进他的裤管，就在猎人扣动扳机的瞬间，小蚂蚁咬了他一口。

　　猎人一分神，子弹打偏了。

　　大鸟被枪声惊起，振翅飞远了。

　　尽管蚂蚁是比大鸟弱小许多的小动物，但它却用自己的力量帮助大鸟躲过一次杀身之祸。

哲学智慧

从故事中可以看出，爱别人其实就是爱自己。人毕竟都是有血有肉的感情动物，在物欲横流的社会中，仍然可以看到爱在闪光，最终人们会发现爱不是金钱、名誉、地位等任何东西能代替的。

真正的人间之爱的胸襟是广阔的。广博的爱，给人们铸就的成功的前景是广阔而灿烂的。

这个世界上谁都需要爱，没有爱的人生是残缺的、畸形的。谁都可以得到爱，前提只有一个——不求爱的回报。

第二章

学会分享，做爱的使者

　　每个人在社会上都不是孤立的，周围有许多与自己共同学习、工作和生活的人。为了学习顺利、事业成功、生活幸福，人们都愿意建立良好的人际关系。仁爱是实现人际关系和睦、融洽的重要之道。

　　仁爱是为人处世的一种高尚的品德。纵观古今中外，大凡胸怀大志、目光高远的仁人志士，无不修身持德，以仁爱为怀，置区区小利于不顾。青少年也应以大度为怀，培养仁爱之心。鼠肚鸡肠、竞小争微、只言片语都耿耿于怀的人，没有一个能成就大事业。青少年要想成就大事业，首先应有仁爱之心。

1. 仁爱是传播快乐的天使

一颗仁爱的心比智慧更好，更有力量。

——[英] 查尔斯·狄更斯

一个人如果把爱分出去，是越分越少，还是越分越多？同样的问题，一个人如果把快乐分出去，是越分越少，还是越分越多？

在一般人的思想里，总认为爱、快乐、勇气等这类正义性的人格表现，如果给某个特定的人多一点，就会给予另外的人少一点。

心理学家弗洛伊德认为，每个人只有一定限量的爱，难以持续不断地付出大量的爱；另外一派的心理学家弗洛姆等人则认为，在一个正常而且良好的社会环境里，一个人有可能在接触和付出爱的过程中，产生更多的爱。

这是一个有趣且值得深思的问题，解决的关键在于提供者究竟是用分配还是分享的心态来处理。

分配者会等分他的爱。例如：一个公司的主管，如果把三分爱留给自己，六分爱留给公司，一分爱留给家人，就会产生人际关系的不平衡，使得大家不开心、不快乐。

分享者视自己周围的每个人都是独一无二的"十分"。例如：做爸妈的"十分"爱自己、照顾自己，同时"十分"爱大孩子，也"十分"爱小孩子，又能"十分"关注工作，"十分"积极地参与公益活动……像这样的爸妈，用分享的心情无限地开拓了生命的空间，让周围的很多人都能享受到同样的、大量的爱。

所以，一个人若想越来越快乐，越爱越多，不妨善用分享者的"涟漪效应"，随时在水面上一点，这样快乐和爱的能量就会源源不断地传送出去。

精彩故事 1

✳ 天堂和地狱的差别

有一个传教士，在为即将布道的题目发愁。

当晚，上帝对传教士说："来，我带你去看看地狱。"他们进入了一个房

间，许多人正在围着一口煮食的大锅坐着，他们的眼睛直呆呆地望着大锅，又饿又失望。每个人手里都有一只汤匙，因为汤匙的柄太长，所以食物没法送到自己的嘴里。

"来，现在我带你去看看天堂。"上帝又带传教士进入另一个房间。这个房间跟上个房间的情景一模一样，也有一大群人围着一口正在煮食的大锅坐着，他们的汤匙柄跟刚才那群人的一样长。所不同的是，这里的人又吃又喝，有说有笑。

传教士看完这个房间，奇怪地问上帝："为什么同样的情景，这个房间的人快乐，而那个房间的人却愁眉不展呢？"上帝微笑着说："难道你没有看到，这个房间的人都学会了喂对方吗？"

第二天，传教士的布道十分精彩，赢得了众人的热烈掌声。他这次布道的题目是"分享即是天堂"。

哲学智慧

人活在世上要学会分享与给予，养成互爱互助的行为。传教士在地狱里看到的那群吝啬鬼，宁愿自己饿死，也不愿去喂对方。所以，俄国作家托尔斯泰说："神奇的爱，使数学法则失去平衡。两个人分担一个痛苦，只有一个痛苦；两个人分享一个幸福，却可以拥有两个幸福。"

在漫漫人生路上，你如果觉得自己孤寂，或者觉得道路艰险，那么你就每天都想一想，怎样才能使别人快乐。这样你定会逢凶化吉，因祸得福，快乐也会飞到你的身边，使你远离痛苦与烦恼。因为爱的表现是无保留地奉献，而其结果却是无偿地获得。你在送给别人一束玫瑰的时候，自己手中也会留下持久的芳香。

精彩故事 2

❈ 送人玫瑰，手留余香

在佛罗伦萨市的一座公共建筑物的台阶上，有一个年老的士兵正坐着拉小提琴，他已残疾了。在他的身边站着一条忠诚的狗，它的嘴里衔着这个

老兵的帽子。不时地,经过这里的人向帽子里放进一枚硬币。这时有一位绅士路过,他停了下来,向老兵借来了小提琴。他先调了调音,接着就演奏起来。

路人不由得被这个景象吸引住了。在这样一个简陋的场所,一位穿着体面的绅士正在拉小提琴,这真是两个毫不相关的事物!人们纷纷停下了脚步。音乐是如此美妙,路人们都情不自禁地陶醉其中。于是,捐给那个老兵的钱的数目也大量增加了。帽子变得非常沉重,以至于那条狗都开始发出呜呜声。帽子里的钱被老兵取空了,但很快又被装满了。聚集到这里的人越来越多。这位演奏者又演奏了《祖国的天空》系列曲中的一首,然后将小提琴归还给它的主人,很快就离开了这里。

其中一个围观者叫了起来:"这个人就是世界闻名的小提琴家阿玛德·布切。他出于善意做了这件好事,让我们向他学习吧!"于是,帽子在一个又一个人的手中传递着,很快又收集到了一大笔捐款。这笔捐款全部给了这个老兵。布切先生并没有拿出自己的一个便士,但这一天他却使老兵沐浴在灿烂的阳光之中。

 哲学智慧

在人生的道路上,真正的价值在于实实在在地做些事情,而不是装腔作势;在于实实在在地做一些微不足道的好事,而不是整天梦想着去做许多伟大的事业。可以说快乐犹如一缕温馨的阳光,它既温暖着他人,也温暖着自己。

只有那种心怀爱意与善心的人,才是真正得到爱与友善的人;只有那种先让别人快乐的人,才能让自己真正地快乐起来。

传播快乐给他人,不仅使别人得到了快乐,而且自己也会从中得到更大的快乐。

精彩故事 3

❀ 乐于助人的孤儿

有一个叫波顿的人,他的父亲死于车祸,母亲在不久后的某一天也离开

了家，从此就再也没有回来。两个姑姑，又穷又老又有病，把他们兄弟 5 个中的 3 个带到自己家里去。没有人要波顿和他的小弟弟，他俩只好靠镇上人的帮助过活。波顿很怕被人家叫作孤儿，或者被人家当作孤儿来看待，可担心的事情还是很快发生了。

波顿在一个很穷的人家住了一阵子。可是日子很难过，那一家的男主人失业了，所以他们没有办法再养波顿。后来罗福亭先生和他的太太收留了波顿，让他住在他们离镇上 11 英里的农庄里。罗福亭先生 70 岁，而且得了俗名"缠腰龙"的病躺在床上。他对波顿说："只要不说谎，不偷东西，能听话做事，你就能一直住在这里。"这 3 个命令变成了波顿的"圣经"，他完全遵照它们生活。

波顿开始上学，可是第一个礼拜他躲在家里号啕大哭起来。因为其他孩子都来找他麻烦，拿他的大鼻子取笑他，说他是个笨蛋，还说他是个"小臭孤儿"。他伤心地想去打他们，可是收容他的那位农夫罗福亭先生对他说："永远记住，能走开不打架的人，要比留下来打架的人伟大得多。"

罗福亭太太给波顿买的一顶新帽子，使波顿觉得非常得意。有一天，一个女孩把他的帽子扯下来，在里面装满了水，把帽子弄坏了。她说她之所以把水放在里面，是要那些水能够弄湿波顿的大脑袋，让那玉米花似的脑袋不要乱爆。

波顿在学校里从来没有哭过，可是他常常在回到家之后号啕大哭。有一天，罗福亭太太给了他一些忠告，使他消除了所有的烦恼和忧虑，而且把自己的敌人都变成了自己的朋友。她说："要是你肯对他们表示兴趣，而且注意观察你能够为他们做些什么的话，他们就不会再来逗你，或叫你'小臭孤儿'了。"波顿接受了她的忠告。他用功读书，虽然不久后就是班上的第一名了，却从来没有人嫉妒他，因为他总在尽力帮助别人。

波顿帮好几个同学做作文，替好几个同学写很完整的报告。有个孩子不好意思让父母知道波顿在帮他的忙，所以常常对母亲说，他要抓袋鼠。然后就到罗福亭先生的农场来，把他的狗关在谷仓里，让波顿教他读书。

那一年，流行病侵袭到他们住的地方，两位年纪很大的农夫都死了，另一位老太太的丈夫也死了。在这几家人中波顿是唯一的男性，他帮助了那些寡妇两年。在上下学的路上，波顿会到她们的农庄去，替她们砍柴、挤牛奶，给她们的家畜喂饲料和水。大家都很喜欢他，不再骂他，每个人都把波顿当作自己的朋友。

当波顿从海军退伍回来的时候,大家向他表露出真正的感情。到家的第一天,有200多位农夫来看波顿,很多人甚至从80英里处开车过来。他们对他的关怀非常真诚,因为他尽管很忙还是很高兴地去尽力帮助其他的人。他不再有什么忧虑,而且13年来再没有一个人叫他"小臭孤儿"了。

哲学智慧

波顿与平常人最大的不同是什么呢?就是他的内心有一种强大的友善力量。让他人快乐的同时也让自己快乐成为波顿的一个人生目的,一个日常任务,一个比自己高贵得多也重要得多的理想。波顿因此得到了快乐。语言大师萧伯纳曾说:"一个没有善心的人,就像一个以自我为中心,又病又苦的老家伙,一天到晚抱怨这个世界上没有好好地使他开心的人。因为这种人根本不懂得快乐的源泉是心中的爱。"

2. 日行一善,行友善,积良德

与人为善,并持之以恒。

——[古罗马]鲁克尔斯·塞内加

生活中有这样一种人,他们想行善积德,却不愿意在平时一点一滴地做好事,不愿意一步一个脚印地锻炼自己,不断前进,而奢望有朝一日一鸣惊人,做出一件大爱天下的大善事,成就一番惊天动地的大事业。不客气地说,这只是幼稚者的幻想。常言说:"不积小流,无以成江海。"战场上的英雄的壮举,是与英雄的平时表现分不开的。一个人只有平日里能将对敌人的恨、对人民的爱体现在工作上,千方百计地为大家排忧解难做好事,才能养成英雄对敌恨、对己和的高贵品质,才能在关键时刻冲得上去,消灭敌人,掩护战友,攻下阵地,夺得战争的胜利。不难设想,那种平时"拔一毛而利天下"也不为的人,那种好高骛远、不做实事的人,那种不行小善、空想大善的人,是绝不能成为英雄的。

"所做平凡事,皆成巨丽珍"是董必武同志赞扬雷锋的话,它阐述了"平凡"与"巨丽"的关系,也体现了以小积大、以少积多、以平凡铸成伟大的辩证思想。人皆可以为尧舜。只要"不以善小而不为",是可以由小善而成大善,逐步把自己培养成真正有益于人民的人的。而这样的人,一定会得到人民群众的爱戴和尊敬。

无论你是朝气蓬勃的青年,还是白发苍苍的老人,真诚坦率的付出都是令人愉悦的品质之一。那些愿意付出的人,没有人会不喜欢。一般来说,这些人都心胸宽广、慷慨大方。他们会唤起别人的爱意和自信,用自己的纯朴与直率换来别人的坦率与真诚。他们正直诚实、光明磊落,他们古道热肠、乐于助人。正是他们具有的这些优秀品质,才让他们成为最优秀、最杰出的人。

想想看,如果每一个人都为他人付出,终其一生帮助他人,世界将变得多么和谐与美好!

精彩故事 1

❋ 爱的谎言

有一名叫辉仔的一年级小学生,他平时非常自卑。因为一场特殊的灾祸让他的背上留下了两道非常明显的疤痕,从颈部一直延伸到腰部。辉仔非常害怕换衣服,尤其是上体育课时。当其他小朋友很高兴地脱下校服,换上轻松的运动服的时候,辉仔总会一个人偷偷地躲在角落里,用背部紧紧地贴住墙壁,以最快速度换上运动服,生怕被别人发现。可是,时间久了,其他小朋友还是发现了他背上的疤。

"好可怕呀!""怪物!"

天真的、无心的话往往最伤人,辉仔哭了。这件事发生以后,辉仔的妈妈特地带着他去找老师。

"辉仔刚出世就患了重病,我们当时想放弃他,可是又不忍心。一个这么可爱的生命,怎么可以轻易地结束掉呢?"妈妈说着,眼睛红了,"幸好当时有位医术很高明的大夫,动手术挽救了他,辉仔的背部便留下了两道疤痕。"

妈妈转头吩咐辉仔:"来,掀开给老师看。"

辉仔迟疑了一下，但玉是脱下了上衣。老师惊讶地看着那两道疤，心疼地问："还会痛吗？"

辉仔摇摇头说："不会了。"

此时，老师心里不断地想：如果禁止其他小朋友取笑辉仔，只能治标，不能治本，辉仔一定还会继卖自卑下去。一定要想个好办法。

突然，老师脑海里灵光一闪，她摸了摸辉仔的头说："明天的体育课，你一定要跟大家一起换衣服啊。"

辉仔眼里，晶莹的泪水滚来滚去："可是，他们又会笑我，说我是怪物。"

"放心，老师有法子，没有人会笑你。真的！"

第二天上体育课，辉仔怯生生地躲在角落里，脱下了他的上衣，果然不出所料，有的小朋友又厌恶地说："好恶心呀！"

辉仔双眼睁得大大的，眼泪已流了下来。这时候，门突然被打开了，老师出现了。几个同学马上跑到了老师面前说："老师你看，他的背好可怕，像条大虫。"

老师没有说话，只是曼慢地走向辉仔，然后露出诧异的表情。

"这不是虫！"老师眯着眼睛，很专注地看着辉仔的背部，"老师以前听过一个故事，大家想不想听？"

小朋友最爱听故事了，连忙围了过来。

老师说道："这是一个传说。每个小朋友都是天上的天使变成的，有的天使变成小孩的时候很快就把翅膀脱下来了。有的小天使动作比较慢，来不及脱下他们的翅膀。这时候，那些天使变成的小孩子，就会在背上留下这样两道痕迹。"

"哇！"小朋友发出惊叹的声音，"那这就是天使的翅膀？"

"对啊，"老师露出神秘的微笑，"大家要不要互相检查一下，看一看还没有人像他一样，翅膀没有完全掉下来？"

所有的小朋友听到老师这么说，马上七手八脚地检查对方的背，可是，没有人像辉仔一样，有这么清晰的痕迹。

"老师，我这里有一点点的伤痕，是不是？"一个戴眼镜的小孩兴奋地举手。"才不是呢，我这里红红的，我才是天使！"

小朋友们争相承认自己的背上有疤，完全忘记了取笑辉仔的事情。辉仔原本哭红的双眼又有了笑意。

突然，一个小女孩轻轻地问："老师，我可不可以摸摸小天使的翅膀？"

"这要问小天使肯不肯。"老师微笑地向辉仔眨眨眼睛。

辉仔鼓起勇气，羞怯地说："好。"

小女孩轻轻地摸着辉仔背上的疤痕，高兴地叫了起来："哇，好软，我摸到天使的翅膀了！"

小女孩这么一喊，所有的小朋友都大喊："我也要摸！"

一节体育课，一幅奇特的景象，教室里几十个小朋友排成长长的队伍，等着摸辉仔的背……

哲学智慧

在上述故事中，那位老师凭着爱心和智慧，抚慰了一颗曾经受伤的心灵，并且巧妙地让一个少年从自卑中走出来。

老师就是学生心目中的"神"，他们的言行举止都直接地影响着学生。我们不妨设想一下，假若故事中的老师只是把辉仔的伤疤的由来直接地告诉其他同学，那么，还会达到预期的效果吗？答案明显是否定的。幸运的是这位老师充分发挥了自己的聪明才智，抓住学生的年龄特征，给大家讲了一个关于"天使的翅膀"的故事，不仅以此保护了一颗纯真而且脆弱的心灵，还达到了一石三鸟的效果。而这对于一切追求完美的学生——辉仔来说，他将从此摆脱其他同学的怪异目光，走出自卑的阴影，坦然地面对人生中的风雨。

爱心是一种友善的智慧，是一种用自己的努力，通过平常小事的实际行动帮助别人解脱痛苦、走出困境的智慧。愿每个曾经受伤而且自卑的心灵，在这种爱的谎言中得到治愈，愿这种友善的大爱智慧永存人间。

精彩故事 ②

✽ 救人的农夫

一天，英国的一名叫弗莱明的贫苦农民正在田里干活儿。忽然，附近沼泽地传来呼救声，农夫赶忙放下手中的农具，奔向沼泽地。只见一个小孩正在泥潭中挣扎，淤泥已没到他的腰部。农夫奋不顾身地救起了小孩。

第二天，一辆豪华小气车停在了这个农夫劳作的田边。一位风度优雅的英国贵族下车后，自我介绍说是被救小孩的父亲，他是亲自前来致谢的。农夫说，这件事不足挂齿。

贵族说："我想用一气酬金来报答你。你救了我孩子的命。"农夫回答说："我不要报答，我不能因为做了一点事情就接受酬金。这是我应该做的。"

这时候，农夫的儿子刚好来到田边。"这是你的儿子吗？"贵族问道。"他是我的儿子。"农夫回答说。贵族说："我给你提一个建议，让我把你儿子带走，我要给他提供最好的教育。如果他像他的父亲一样善良，那么他将来一定能成为令你骄傲的男子汉。"农夫同意了。

时光飞快地流逝，农夫的儿子从医学院毕业后，成为享誉世界的医生。数年以后，贵族的儿子医肺炎病倒了，经过注射青霉素，他的身体得到了痊愈。

那个英国贵族名叫仑道夫·丘吉尔，他的儿子便是在二战期间担任英国首相，领导英国人民战胜了纳粹德国的温斯顿·丘吉尔。农夫的儿子就是青霉素的发明者亚历山大·弗莱明。

这件"不足挂齿"的事情改变了世界历史。

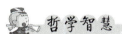 **哲学智慧**

感人的善举往往是生活中貌似不起眼的小事。爱的付出虽然是不求回报的，但这一付出却是一种美德的储蓄。你在付出的时候越慷慨，你得到的回报就越丰厚；你在付出的时候越吝啬，你得到的回报就越少、越可怜。

要得到多少，你就必须先付出多少。任何东西只有先从你这儿流出去，才会有其他东西流进来。你必须是真心地、慷慨地给予，否则，你得到的回报本应是宽阔的大江，但实际上却只是一条浅浅的溪流。

当你学会了在平常生活中友善地对待每一个人，为需要帮助的人尽自己所能去提供帮助时，你在人生的道路上所得到的和能够学到的东西会多得让你感到惊讶。

精彩故事 ❸

❋ 送给弟弟的圣诞礼物

这一年的圣诞节,保罗的哥哥送给他一辆新车作为圣诞礼物。圣诞节的前一天,保罗从他的办公室出来时,看到街上有一个小男孩在他闪亮的新车旁走来走去,并不时地触摸它,满脸羡慕的神情。

保罗饶有兴趣地看着这个小男孩。从他的衣着来看,他的家庭显然不属于自己这个阶层。就在这时,小男孩抬起头问道:"先生,这是你的车吗?"

"是啊,"保罗说,"这是我哥哥送给我的圣诞礼物。"

小男孩睁大了眼睛:"你是说,这是你哥哥给你的,而你不用花一分钱?"

保罗点点头。

小男孩说:"哇,我希望……"

保罗原以为小男孩希望的是也能有一个这样的哥哥,但小男孩说出的却是"我希望自己也能成为这样的哥哥"。

保罗深受感动地看着这个小男孩,然后问他:"要不要坐我的新车去兜风?"

小男孩惊喜万分地答应了。

逛了一会儿之后,小男孩转身向保罗说:"先生,能不能麻烦你把车开到我家门前?"

保罗微微一笑,他想他理解小男孩的想法:坐一辆大而漂亮的车子回家,在小朋友的面前是很神气的事。但他又想错了。

"麻烦你停在两个台阶那里,等我一下好吗?"

小男孩跳下车,三步并作两步地跑上台阶,进入屋内。不一会儿他出来了,并带着一个显然是他弟弟的小孩。这个小孩因患小儿麻痹症而跛着一只脚。他把弟弟安置在下边的台阶上,紧靠着坐下,然后指着保罗的车子说:"看见了吗?就像我在楼上跟你讲的一样,很漂亮对不对?这是他哥哥送给他的圣诞礼物,他不用花一分钱!将来有一天我也要送你一辆和这辆一样的车子,这样你就可以看到我一直跟你讲的橱窗里那些好看的圣诞礼物了。"

保罗的眼睛湿润了，他走下车子，将弟弟抱到车子前排的座位上，他的哥哥眼睛里闪着喜悦的光芒，也爬了上来。于是三个人开始了一次令人难忘的假日之旅。

在这个圣诞节，保罗明白了一个道理：给予真的比接受更令人快乐。

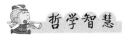 **哲学智慧**

懂得给予才会读懂人生。故事的主人公用最朴实的行为告诉我们，不要吝啬我们的爱心。爱自己，也爱别人，才能体现出生命的最大价值。这些来自正确思想的巨大力量可以巩固和完善我们的优良品格。懂得这一人生秘密的人往往抓住了通行于世界的根本原则，能够认识到世间事物的美好与真实性，并过上一种真实的生活。

我们很难估量施予的心态对我们的生命来说有多大价值。无论发生什么，我们都应该用健康的、快乐的、乐观的思想直面生命，都应该满怀希望，坚信生命中充满了阳光和雨露。传播成功思想、快乐思想和爱心的人，无论到哪里都会敞开心扉，真诚地爱他人，宽慰失意的人，安抚受伤的人，激励沮丧泄气的人。他们是世界的救助者，是负担的减轻者。

我们要学会敞开心扉爱他人，让施予心就像玫瑰花儿一样散发芬芳。当关爱的思想治愈疾病、为创伤止痛的时候，当我们的爱心消除了那些与此相反的心态带来的痛苦、郁闷和孤独的时候，我们就真正领悟到了博爱的真谛。

3. 真正的爱是不求回报的付出

爱如果为利己而爱，这个爱就不是真爱，而是一种欲。

——［美］爱德门·威尔逊

真正的爱是不求回报的，是一种自觉的奉献。

人生的价值在哪里？古往今来，众说纷纭。可以肯定的一点是，人生的价值在于对社会的奉献，奉献是人生的最高境界。当短暂的生命消逝之后，一切都成了浮云，一个人最终留给人间的只是他为社会做了些什么。

好干部孔繁森不能尽孝于高龄老母，却将棉鞋、毛衣送给藏族的老妈妈；他不能眷顾妻子儿女，却收养了两名藏族孤儿，用自己卖血的钱来改善孩子的生活……然而这一切并不奇怪，因为他有着崇高的精神境界。孔繁森曾说过："一个人爱的最高境界是爱别人，一个共产党人爱的最高境界是爱人民。"这种境界，这种爱，不是抽象的概念，不是漂亮的辞令，而是一种深沉的感情，一种备尝艰辛的实践。"但得众生皆得饱，不辞羸病卧残阳"，孔繁森的所作所为，是"以人民利益为己任"这一崇高境界的生动体现。

邹韬奋说："一个人光溜溜地到这个世界上来，最后光溜溜地离开这个世界，彻底想起来，名利都是身外物。只有尽一个人的心力，使社会上的人多得他工作的裨益，才是人生最愉快的事情。"尽一己之力，使他人得益正是对"奉献"二字的真实概括，也是对不求回报的真正善德的最准确诠释。

精彩故事 1

❋ 一碗热粥的回报

20世纪90年代末，在我国南方某个大城市的繁华街道上，一个来自乡村的小男孩正挨家挨户地推销商品。走了一天仍一无所获却已饥寒交迫的他来到一家小店前，体力不支地昏倒在路旁。

恰在这时，一位30多岁的老板娘打开了房门，看到了这个小男孩。她先是有点儿不知所措，随后扶他进了自己的店里。喝了一些水后，小男孩苏醒了。老板娘看到他饥饿的样子，就打开一罐粥，稍微加热后递给了小男孩。小男孩慢慢地喝完，惶恐地说道："我身上没有钱！"善良的老板娘微笑着回答："不用付钱。从小我的长辈就告诉我，能帮人时就帮一把，别要什么回报。"小男孩听后流下了眼泪。在充满感谢的心情中，小男孩离开了这家小店。

十年过去了，城市的变化翻天覆地。那家小店早已不在。而当年的老板娘此时却遇到了天灾人祸，全家对此束手无策。原来几年前，老板娘的丈夫因车祸故去，欠下一笔数目不小的债务。而一年内，刚上中学的女儿又患了严重的肾病，巨额的治疗费更让这个家庭雪上加霜。如今已倾家荡产的母女俩只能求助社会。一家报社为此向公众发出了呼吁。

此时，就在同一个城市，当年的小男孩已成为一个成功的企业家、慈善家。他曾多次找过那位老板娘，但每每都是无功而返。这一天，他从报纸上一眼就认出了自己当年的恩人，他决心一定要竭尽所能来帮助她们母女俩。从那天起，他就特别关照这个对自己有恩的老板娘。

他安排人让老板娘患病的女儿住进最好的医院，请来最好的医生做肾移植手术。经过艰苦的努力，手术成功了。当医院通知老板娘她女儿可以出院时，她惊呆了。因为她确信，治病的费用将是个自己无力承担的吓人数目。

正当她困惑忧虑时，一个人走到她的面前，叫了声"恩人"后他们便紧紧拥抱在一起。此时感恩的、喜悦的泪水溢出了两个人的眼眶。

哲学智慧

当我们学会敞开心扉去爱他人，去帮助遇到困难的人时，一颗友善的施予之心就像玫瑰花儿一样散发芬芳。

这个真实的感人故事告诉我们：选择善行，用善良之心去爱和帮助别人，其实就是选择一种正确的人生态度。大自然很公平，它给予每个人的生存空间、时间和物质食粮大致相同。谁也不能占有他人的。占有即是剥夺。大自然又太不公平，它常常将一些人推向生命的绝境，使之苟延残喘于饥饿、贫穷和凄凉悲惨的旷野，这时就需要爱的相助。人们相聚一处或邂逅异国他乡，都应视为一种天赐的缘分。如果人人都献出一颗爱心，那么生活的大地上就不会长出仇恨的杂草和魔鬼的庄稼。因为那爱心是善行的种子。种豆得豆，种瓜得瓜。所以，不要吝啬我们的爱心。

精彩故事 ②

❋ 寒冬中归来的流浪者

一个周末的晚上，英国小镇松树堡的一位妇女正和她5个年幼的儿女围坐在火堆旁。虽然和孩子们说笑着，但是她心里却愁云密布。在这个广阔却寒冷的世界里，她没有一个朋友，没有任何人可以依靠。这一年来，她一个人用那双瘦弱的双手支撑着整个家庭。

如今正属寒冬，森林里已披上了洁白的银装，北风吹得松枝哗哗作响，

连她的小屋也颤动起来。屋内的火堆上正烤着一条青鱼,这是他们全家唯一的一点食物。当她看到孩子们欢笑的脸庞时,心里充满了无限的凄楚和焦虑。是的,她相信上帝一直保佑着她,并了解她的疾苦和贫困,她也知道上帝曾经答应帮助那些孤儿寡母,而上帝绝不会食言,可她现在仍然感到万分的凄苦和无助。

几年前,她最大的儿子去世了。不久后,她的丈夫也离开家,到遥远的地方去寻找宝藏,从此便杳无音讯,再没回来过。但她从来都没有沮丧。她艰辛地劳动,不仅供养着自己的孩子,还不时地帮助其他的穷人。

那天晚上,她刚把这最后的食物放在桌上,就听到一阵敲门声和狗叫声。全家的注意力都被吸引了过来,孩子们争先恐后地跑去开门。门口站着一个十分疲倦的旅人,他衣衫褴褛,但十分健康。旅人走进屋,请求留宿一夜,并想要一些吃的。他说:"我一整天滴水未进了。"妇人听了十分难过,现在她心里关心的不只是自己的事了。她毫不犹豫地把最后一点食物分了一份给旅人,并微笑着告诉孩子们:"我们绝不会因为这小小的善举而被遗弃,也绝不会因此陷入更深的困苦之中。"

旅人于是来到盘子旁,当他发现盘中的食物少得可怜时,抬头惊奇地望着这一家人。"天啊,你们只有这一点食物吗?"他叫道,"但你们仍然肯把它分给一个陌生人,你们真是太善良了。"他继续问:"可是,你们慷慨地分给我最后一点食物,这些可怜的孩子不就要挨饿吗?"

"是啊!"妇人忽然泪流满面,"我的丈夫,如果他还没有去世的话,现在不知在世界的哪个角落。我如此待你,也想别人能如此待他。就是此刻,我的丈夫可能也在四处流浪,和你一般疲惫饥饿。我只希望他能被一户人家收留,即使这户人家和我们一样的贫困。因此我又怎能不真诚地收留你呢?"

妇人刚说完话,旅人便激动地跑过去抱住了她,泪流满面地对妇人说:"你的丈夫被一个善良的家庭收留,并且赐予了他财富,使他能回报每一个真诚收留他的人。"原来这个旅人正是妇人多年未见的丈夫,他刚从印度归来。为了给家人一个惊喜,他隐藏了自己的身份。当然,这是一份最令人感动,也最令人快乐的惊喜!

哲学智慧

故事中的女主人给我们上了一堂人生哲理课,她向我们展现了人性中的善和美,使得我们感悟到善行必有善报。

人活着应该有助于人,真诚待人。只有这样,才能得到别人的帮助和尊重,才能得到真正的快乐。

善良、诚恳、坦率、慷慨,都是宝贵的财富,这些财富要比千万的家产有价值得多。而且有这些财富的人,没有一分钱的资本,也能做出伟大的事业。

如果一个人能够大彻大悟,尽力去为他人服务,他的生命将来必定有惊人的发展。人生的美德汇有比和气、善良更宝贵的了。

第三章

爱父母、爱老师、爱同学

　　有一首大家都非常熟悉的歌叫《爱的奉献》。这首歌告诉我们，只要我们每个人都能对他人奉献一点爱，那么这个世界便会成为一个美好的天堂。是的，世界需要爱，人类需要爱，爱不仅能给人温暖，更能创造奇迹。爱能使你的生活过得幸福、有意义，如果你想得到爱，就一定要首先从爱父母、爱老师、爱同学开始。

1. 爱父母——儿女最起码的感恩

一个有教养的人定爱他的父母。

——林语堂

父母,给了我们生命,给了我们家庭的温暖,给了我们一生的依恋,给了我们无与伦比的恩情。无论我们走到哪里,父母的心始终牵挂着;无论我们回报多少,父母永远会为我们遮风挡雨,付出所有。所以,爱父母是儿女最基本的眷顾、最起码的感恩,是最理所当然的一份爱心。

其实,对父母的爱应该体现在生活中的每个细节上。现代社会,生活条件好了,大多数父母并不缺少物质上的满足,他们更期待的是情感上的抚慰。不论年轻时还是年老时,父母希望儿女做的就是生活中那些嘘寒问暖的小细节。

父母把世界上最无私、最具奉献精神的爱给了我们,为我们的成长付出了无数辛勤的汗水,长大后的我们就应该用行动做出感恩的回报。一声深切的问候,一句真诚的祝福,都能把我们的爱传递到父母的心里。在生活的小细节上,向父母表达我们对他们的爱,学着关心体贴父母,多做一些力所能及的事,这便是对父母最好的报答。

所以,趁着父母健在,我们最好及时地把对他们的感激用行动和语言表达出来,让他们知道,我们没有辜负他们的爱。这样,父母就会明白,我们已经读懂了他们的爱。

精彩故事 ❶

❋ 妈妈的银行存款

这是一个生活拮据的贫困家庭,全家六口人要靠父亲微薄的工资艰难度日。

每到星期六的晚上,妈妈照例坐在擦干净的饭桌前,皱着眉头处置爸爸

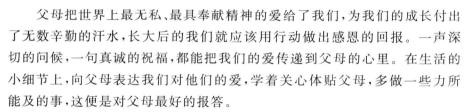

小小的工资袋里的那点钱。

她将钱分成好几摞：

"这是付给房东的。"

"这是付给副食商店的。"

"凯瑞恩的鞋要钉个掌子。"妈妈又取出一个小银币。

"老师说这个星期我得买个本子。"最小的哈克提出。

妈妈脸色严肃地又拿出一个五分的镍币和一角的银币放在一边。

大家眼看着钱变得越来越少。最后爸爸总是要说："就这些了吧?"妈妈点点头,这时大家才可以靠在椅子背上松口气。妈妈会抬起头笑一笑,轻轻地说："好,这样就用不着去银行取钱了。"

妈妈在银行里有存款,一家人都引以为荣,它给人一种暖乎乎的、安全的感觉。

大儿子莱尔斯中学毕业后想上商学院。妈妈说："好吧。"爸爸也点头表示同意。

家里的"小银行"是西格里姨妈从挪威寄给他们的一只盒子,他们急需时就用这里的钱。

莱尔斯把上大学的各类花销列了一张清单。妈妈对着那些写得清清楚楚的数字看了好大一会儿,然后把"小银行"里的钱数出来。可是不够。

妈妈轻声说："最好不要动用大银行里的钱。"

他们一致同意。

莱尔斯提出："夏天我到德恩的副食商店去干活儿。"

爸爸提出："我戒烟。"

大女儿凯瑟琳说："我带妹妹去替人家看孩子。"

"好。"妈妈说。

又一次避免了动用妈妈的银行存款,他们心里感到很踏实。

后来,4个孩子都长大工作了,一个个结了婚,离开了家。爸爸好像变矮了,妈妈的黄头发里闪烁着根根白发。

过了一年,几个孩子商量好了,集资为父母买下一所房子,爸爸开始领养老金。

又过了一年,大女儿凯瑟琳的第二篇小说被一家杂志发表了。

凯瑟琳把支票交给妈妈,让她存上。

妈妈把支票用手捏了一会儿,眼里透着骄傲的神色。

"你和我一起去好吗？凯瑟琳？"

"我用不着去，妈妈，我已经把它落到你的户头上。你只要交给营业员，它就存在你的账上了。"

妈妈抬起头看着凯瑟琳的时候，嘴上挂着一丝微笑。

"哪里有什么存款，"她说，"我活了一辈子，从来没有进过银行的大门。"

哲学智慧

还有谁能比母亲更爱自己的孩子。虽然这个故事中的母亲向全家人撒了谎，但是，一个善意而持久的谎言，支撑着全家人共同渡过难关。一份伟大而富有智慧的母爱，会给孩子们撑起一片广阔的天空。所谓的"银行存款"，是一份母爱和一片亲情，是一份源于对家人的信任和关爱而生成的巨大财富，它取之不尽，受益无穷。

当我们为故事中的母亲所感动，为故事里的全家人齐心合力共渡难熬的岁月而感动，更为那浓浓的爱而激动不已时，是否该想到，我们应当用什么去回报那伟大而高尚的母爱。

精彩故事 2

❋ 血色母爱，雪地求生

奥地利的罗莎琳是一个性格孤僻、胆小羞涩的13岁少女。她的父亲很早就去世了。母亲索菲娅在一家清洁公司工作，靠微薄的薪金把罗莎琳抚养大。因为家境的贫困，罗莎琳常常受到别人的歧视和欺侮，这些都给她幼小的心灵投下了浓重的阴影。久而久之，她开始对母亲心生怨恨，认为正是母亲的卑微才使她遭受如此多的苦难。

2002年2月下旬的一天，索菲娅由于工作出色而被允许休假一周。为了缓和母女之间的关系，索菲娅决定带女儿去阿尔卑斯山滑雪。但不幸降临了，她们在雪地里迷路了，对雪地环境缺乏经验的母女俩惊慌失措。她们一边滑雪，一边大声呼救。不想，呼喊声引起了一连串的雪崩，大雪把母女俩埋了起来。出于求生的本能，母女俩不停地刨着雪，历经艰辛终于爬出了厚厚的雪堆。母女俩挽着手在雪地里漫无目的地寻找着回去的路。最后，罗莎琳慢慢失去了知觉。

当罗莎琳醒来时，发现自己正躺在医院的床上，而母亲索菲娅却不幸去世了。医生告诉罗莎琳，真正救她的是她的母亲。索菲娅用岩石片割断了自己的动脉，然后在雪地中爬出了十几米的距离。正是雪地上那道鲜红的长长的血迹，才使罗莎琳在绝境中获救。

哲学智慧

　　为了孩子的安全，每一个负责任的母亲都可以不要尊严，不要回报，甚至不要生命。然而，今天的社会中，却有不少子女，为了自己，轻视母亲，忘记母亲，甚至不要母亲。也许我们的家境比别人差，也许在我们的成长过程中遭受了许多苦难，但请相信，父母对我们的爱是天底下最纯洁、最伟大的爱。如果我们不以一份神圣的情感与使命回报生养自己的父母，那就真的枉为人。

精彩故事 3

❋ 小罗斯福的树

　　有一个小男孩，他曾经认为自己是世界上最不幸的孩子，因为脊髓灰质炎给他留下了一条瘸腿和一嘴参差不齐的牙齿。他很少与同学们一起做游戏和玩耍，老师让他回答问题时，他也总是低着头一言不发。

　　在一个平常的春天，小男孩的父亲从邻居家讨来一些树苗，他想把它们栽在房前的院子里。父亲让孩子们每人栽一棵，然后对他们说，谁栽的树苗长得最好，就给谁买一件最好的礼物。小男孩想得到父亲的礼物，但看到兄妹们蹦蹦跳跳提水浇树的身影，不知怎么的，他竟然萌生出这样一种想法：希望自己栽的那棵树早日死去。因此，浇过一两次水后，他就再也没去管理。

　　几天后，小男孩再去看他种的那棵树时，惊奇地发现它不仅没有枯萎，而且还长出了几片新叶子，与兄妹们种的树相比，他的树似乎更嫩绿，更有生气。父亲兑现了他的诺言，为小男孩买了一件他最喜爱的礼物。父亲对他说,从他栽的树来看,他长大后一定能成为一个出色的植物学家。

从那以后,小男孩就对生活有了美好的憧憬,慢慢地变得乐观开朗起来。

一天晚上,小男孩躺在床上睡不着,看着窗外明亮皎洁的月光,忽然想起生物老师曾说过的话:植物一般都在晚上生长。何不去看看自己种的那棵小树是不是在长高呢?当他轻手轻脚地来到院子时,父亲正用勺子给自己栽的树苗浇水。顿时,他明白了,原来父亲一直在偷偷地护育着自己的那棵小树!他返回房间,禁不住泪流满面……

几十年过去了,那个瘸腿的小男孩没有成为植物学家,但他却成了美国总统。他的名字叫富兰克林·罗斯福。

哲学智慧

每一个听到这个故事的人,都会被故事中的父亲所感动。因为这个故事,我们看到了伟大的父爱是多么的宝贵,多么的崇高。亲人之间那种无私的真爱,可能是一句充满信任的鼓励,可能是一次小小的嘉奖,更可能是默默无闻的背后支持——就像故事中富兰克林·罗斯福的父亲。他深深地知道小罗斯福的心里伤痛——因自身的缺陷而有些自卑。但父亲没有直接开导他,而是通过让孩子们栽树苗,自己一直帮小罗斯福浇水而使孩子得到礼物,爱的伟大再一次得到体现。正是父亲的这种真爱,树起了罗斯福的自信,从而成就了一位伟大总统。也许父亲爱的呵护——不仅是对小树,更是对孩子,才是罗斯福真正发生心理转变的巨大动力。爱是生命中最好的养料,哪怕只是一勺清水。

2.爱老师——学生最深厚的心结

为学莫重于尊师。

——[清]谭嗣同

应该说,从我们背起书包,走进学校的第一天起,就开始了十几年与老师同行的成长。老师是人类灵魂的工程师,他们为了学生的成长,不辞辛劳地把知识传授给每一位学生。正是老师长年累月的不倦教诲,才使我们从无知的顽童成长为社会的栋梁,从一株株幼苗成长为一棵棵参天大树。如果没有老师的教导和辛勤汗水,我们的成长与成才不知该有多么艰难。

老师向学生传授的是人类几千年积累下来的文明,是社会主义建设所需要的科学文化知识。除了传授知识,老师还教学生学会做人。因此,在校学习期间,我们要接受老师的教导,严格按照老师的要求去做。离开老师之后,我们要不辜负他们的期望。这才是对老师最大的尊敬和回报。

"春蚕到死丝方尽,蜡炬成灰泪始干",这是对老师的真实写照。尊重老师,是一个有爱心、知感恩的人必须具有的行为和应有的道德修养。老师是应该受到爱戴的。

有人说,老师像园丁,总是勤勤恳恳地耕耘在苗圃里,为树苗修枝,为花草除虫,用他的心血培植满园的鲜花,结出丰硕的果实。

有人说,老师像红烛,不惜化作滴滴烛泪、缕缕青烟,奉献出全部的光和热。"燃烧自己,照亮别人",这就是红烛精神。

所以,每一位曾经接受过老师教诲的学生,没有理由不爱自己的老师。

精彩故事 ①

※ 尊重是爱老师的最直接形式

尊师重道是全人类的美德。中外名人几乎人人都敬重自己的恩师。

毛泽东成为中国人民的领袖之后,对自己中学时代的老师徐特立一直十分尊敬,在徐老 60 岁生日时,毛主席亲笔写信祝贺,信中写道:

"你是我 20 年前的先生,你现在仍然是我的先生,你将来必定还是我的先生。"

居里夫人是世界著名的物理学家,她上大学和工作是在法国,可她的故乡是波兰。一次,波兰人民邀请她回国,参加华沙镭研究所的开幕典礼。这日,居里夫人被请上主席台,周围簇拥着国家的领导人、著名的科学家。台下有很多人捧着鲜花向她表示欢迎和祝贺。

在典礼快要开始时,居里夫人忽然发现了什么,从主席台上跑下来,穿过捧着鲜花的人群，来到一个角落，角落里有一位年老的妇女坐在轮椅上。居里夫人深情地亲吻了这位老人的双颊，并亲自推着轮椅，把老人请上主席台。

这位老人是谁？她是居里夫人的小学老师。人们看见这一幕都激动地鼓起掌来，更加尊敬这位女科学家。

哲学智慧

爱老师的最具体、最直接的表现形式就是尊敬老师。尊敬，不仅是对老师人格的尊重，更是对老师教育自己、付出辛勤汗水的一种肯定。

那么，在日常生活中，我们应当怎样尊敬老师呢？

有的人会说："每天见到老师应敬礼问好。"对，这是尊敬老师的一种表现，老师一定会很高兴的。

有的人还会说："每年9月10日是教师节，到那天我们一起祝贺老师节日快乐。"

但是，尊敬老师仅仅有这些表现是不够的，尊敬老师更深刻、更自觉的表现应当是接受教导、尊重老师的劳动。

精彩故事 2

❄ 一位老师的教学生涯回顾

在学校里，老师的工作如果得到学生的协助就能做得很好。

一位老师回顾他的教学生涯时说：

"我第一次做班主任时，带的是一个初三班。接手不久就赶上过年，我正发愁，不知道该怎么准备新年节目时，班干部跑来说：'您刚来，还不熟悉情况，新年节目的事您就不用管了。'他们这个决定使我很困惑，我既感谢同学们对我这个新班主任的关心，又担心他们组织不好。但同学们的态度很坚定，看得出他们正在认真地做准备，我只好在准备礼物、布置环境方面多花些心思。"这位老师十分动情地说，"那年新年晚会开得特别成功，大家玩得很尽兴，零点晚会结束后，几个班干部围着我，带着几分自豪，说：'怎么样？还可以吧？新年节目就得这样，得保密，这样演出时大家才感兴趣。像从前那样，又是排练，又是审查，到演出时就一点也不新鲜了。'"

谈完了这桩往事，这位老师认真地说："这是我做班主任后学到的第一课。初三学生年纪不大，但他们已经知道关心人。他们的主动精神、创造意识对我的帮助太大了。"

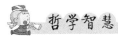

所有的老师都希望学生能够掌握最有效的学习方法，而最适合学生的学习方法往往在学生自己的实践中产生。一位外语老师组织学生交流学外语的经验时，学生结合自己的实际情况总结了许多行之有效的办法。同学们对这次交流活动很满意，觉得有收获。老师在这次活动以后，连连说："大开眼界，大开眼界，没想到学生有这么多好方法，这对我的帮助太大了。"

反映情况、提出意见也是关心老师、协助老师工作的一个重要方面。有的同学不愿意提意见，觉得提意见会使老师不高兴；也有的同学不善于提意见。提意见原本是好心，但如果态度不好或用语不恰当，就会令人很难接受。其实，学生不满意的所在，往往正是老师工作的难点。只要注意方法，不同意见也会受到老师的欢迎。老师最苦恼的是知道学生不满意，又弄不清为什么不满意，找不到使学生满意的办法。这时候提出意见正是老师求之不得的，怎么会不高兴呢？有许多问题只有集中大家的智慧才能解决，如果大家都抱着爱护老师、协助老师的态度提出自己的主张，老师不仅乐于接受，而且教学工作也会由于得到学生的协助而取得更好的效果。

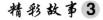
精彩故事 3

✳ 实习老师的授课经历

有一个学校，高一年级有两个班，他们年龄差不多，入学考试成绩也大致相同。开学第三周，有几个师范院校的学生来校做教学实习，他们要教课，还要做班主任。

一班的学生看到这些小老师岁数不大，就成心出些难题考他们。看到老师答不出来的窘相，就觉得好玩。有几位同学毫不掩饰地哈哈大笑。还

有几位同学成心在上课时出洋相，偏要闹点纪律问题，考验小老师处理问题的能力。由于这几位学生的胡闹，有的实习老师忍不住了，就发脾气。那几位同学就合起来和老师争辩，弄得老师下不来台，直到年级组长赶来才打破了僵局。一个月的实习把这几位实习老师弄得狼狈不堪，连指导实习的高校老师也对这些学生的调皮摇头叹气。同学们呢，先是觉得好玩，接着便有些生气，关系弄僵了以后，课也听不进去了。一个月下来，学习上进步很少。

二班对待小老师的教学实习，想得可就比一班细多了。他们想，小老师年轻，大学还没毕业便实习，老师多么不容易呀！他们想到老师乍一进教室，乍一登讲台，一定很紧张，就相约着创造一个良好的氛围，让老师能够顺利地通过实习。他们在黑板上写上欢迎的字样，实习老师一进教室，迎面便是热烈的掌声和甜美的笑脸。实习老师讲课时，大家比平时格外遵守纪律，连平时在课堂上打闹的同学都一声不吭了。有的实习老师备课不足，还不到下课时间便把授课内容都讲完了。于是，课堂上出现冷场。这时同学们比老师更着急，就千方百计地提些问题，请老师解答。学生的支持和关心，实习老师都深深地感受到了。一堂课圆满结束后，老师没有急着回办公室，而是久久地拉着同学们的手，笑着跳着，大家觉得这堂课上得很开心。二班同学也想考考小老师，他们也找出难题来问，但是当他们看到老师答不出时，不是不负责任地嘲笑，而是实实在在地说出自己是从哪儿找的难题来考老师的。小老师也就高兴地说："我现在真的答不出来，让我回去查查再告诉你吧。"班级有什么问题，有什么活动，二班同学都及时和实习老师商量，但他们总是考虑到老师的时间和精力，从来不让他们为难。一个月的实习转眼就结束了，实习老师和同学们结下了深厚友谊，特别是将来准备进师范院校的同学，和实习老师的关系更加密切。实习老师因为心情愉快，所以在教学上有很多体会。同学们因为积极配合实习工作，所以不但学业没受影响，而且自学、自制能力都有很大提高。指导实习的高校老师认为两个班级相比，二班同学更加成熟，更能体现高一学生应有的觉悟。

 哲学智慧

　　二班同学的成熟表现在哪里呢？他们的觉悟主要是什么呢？年级组长组织两个班进行深入的讨论。一班同学经过反复的讨论、冷静的思考，认识到：二班同学的成熟主要表现在他们知道关心他人，他们的觉悟表现在懂得为什么要尊重老师。

一堂课只有 45 分钟,但老师为了充分利用这宝贵的上课时间,不知花费了多少个 45 分钟去备课。

学会关爱和体谅老师,是对老师莫大的鼓励。关爱老师的健康、体谅老师的困难、尊重老师的劳动,让我们点滴行动见真情。

3. 爱同学——最纯真的情感

友谊真是一样最神圣的东西,不仅值得特别推崇,而且值得永远赞扬。

——[意]乔万尼·薄伽丘

人的一生之中,同学之情是一种弥足珍贵的感情。因为同学一般都在一起生活数年,大家在一起共同学习、共同进步,天天坐在同一个教室中学习,在共同的操场上游戏,共度学生阶段的美好时光。每当回忆起那一段生活,都将是美好而甜蜜的。因此,在与同学的交往中,爱的表现就是互相帮助、互相关心。在别人需要时慷慨地伸出援助之手。这样才能使同学间的情感不断加深。

爱同学,是成长过程中一种感情的寄托。

特别是中学生在校学习期间,同学们正处于"心理断乳期",逐渐开始摆脱感情上对父母的过多依恋。这时,同学间的友谊逐渐成为他们新的感情寄托。对于生活在学校这一特定环境中的中学生来说,与同龄人的交往在日常生活中占有极其重要的地位。如果说小学生之间的友谊还处于朦胧状态的话,到了中学,同学之间的友谊则是真正开始了,而且这种友谊对中学生的人生影响很大。从某种意义上来说,在校学习时的同学交往是未来人生社会化得以完成的重要条件。

学会善待同学是一种人生智慧。善待同学除了使同学感受到你的友爱之外,还会使他人对你的为人做出有益的评价,从而使得更多的同学善待你。因此,作为中学生,我们不要用有色眼镜去看待其他同学,不要认为这个人有缺点那个人有不足,不要单凭自己一时的印象就轻易地决定自己的好恶。只要你有一点耐心和善意,便会发现原来那个自己不喜欢的同学,竟也有这么多可爱之处。

精彩故事 ❶

❉ 让我背着你上学吧

这一天是天津市和平区官沟街小学新学期开学的第一天。在一年级的一个教室里,一个小女孩坐在自己的座位上,正用新奇兴奋的目光打量着周围。她叫王一梅,第一天上学,见到这么多的新同学,心里有说不尽的高兴。忽然,她的目光停在了一个空座位上。咦,这是谁的座位?都快上课了,他为什么还没来?

上课铃响了,老师开始给大家上课。正讲着课,门口出现了一位叔叔,他的背上趴着一个瘦弱的女孩。所有的人都惊奇地看着这两位"不速之客"。叔叔看着老师,不好意思地说:"老师,对不起。我是许静的爸爸,许静下肢瘫痪,不能自己来学校。偏巧今天我和她妈妈都有点事,所以来晚了。"

教室里发出了一阵嗡嗡的议论声,大家的目光都集中在了许静的身上,那目光里交织着同情、好奇、惊讶……王一梅注意到,许静的眼圈有点儿红了,而且还慢慢地低下了头。

下课后,王一梅主动来到许静的座位旁,握住许静的一只手说:"以后我来接送你上学好不好?"许静有点儿难以置信地看着王一梅,王一梅肯定地点点头。许静笑了,含笑的脸上突然又布满了泪水。

从那以后,王一梅每天一大早吃过早饭,就匆匆赶到许静的家里。她先把两个人的书包都挂在自己的脖子上,然后弯下腰背起许静就上路了。

刚开始,人小个矮的王一梅几乎背不动许静,没走几步,就已经累得气喘吁吁了。她走几步就得停下来歇一歇,等走到学校,她的衣服早已被汗水湿透了。放学回去也是如此,把许静送回家后,她常常是连回自己家的力气都没了。

遇到雨雪天,路更难走了,地上的积水使路面十分滑。每到这时候,王一梅会特别小心地行走,即使是不小心摔一跤,她也会尽量让许静倒在自己身上，免得把许静摔伤。

多少次，许静伏在王一梅的背上，看着她吃力地往前走，心里十分过意不去。好几次，许静都劝王一梅不要再来背自己了。可王一梅总是坚定地说："放心，我不会扔下你不管，只要有我在，我会背着你一直走下去。"

就这样，寒来暑往，王一梅坚持背了许静整整5年，一直到她们小学毕业。在她的带动下，很多同学都参与到了帮助许静的行列中。

为此，共青团中央特授予王一梅"优秀少先队员"的光荣称号。王一梅还代表中国儿童到贝尔格莱德参加了全世界少年英雄大会。

哲学智慧

为他人付出，表现的是爱心，体现的是善良。一个人做一件好事容易，做一天好事也容易，坚持一直做好事则显得不易了，而且应该说是伟大。

这是生活中一个真实感人的故事，故事的主人公是两个小学生，一个是下肢瘫痪的女孩许静，一个是她的同学王一梅。正是这个普普通通的小女孩王一梅，从小学一年级开始，每天背着自己的同学许静，接送她上下学，整整坚持了5年，直到她们一起小学毕业。王一梅对同学的这份爱心，是我们大家都应该学习和效仿的。

与同学相处，你最需要做的不是苛求自己与对方的情感思想同步，而是去寻找办法与对方和谐相处、取长补短，这才是同学友爱的最终目的。

精彩故事 2

✳ 令人感动的 61 份同学情

2002年3月，一位身患白血病的山西少女经过北京解放军307医院的精心治疗后，回到了家乡。一年的时光，她经历了太多，而留在她心灵深处的东西则更多。

时间往前推移一年，一切都来得那么突然。这一天，正在为高考做顽强拼搏的山西省昔阳中学高三195班的眭萍同学，突然感到四肢无力，疲倦无神。去县里的医院检查，化验单上显示血红素指数为7，大大低于正常的指数13，医生初步诊断为贫血。

而转入太原的一家大医院后,却被确诊为白血病。

医院起初对眭萍的治疗表示乐观,认为在经过一个疗程后其恢复效果能达到50%。但是,一个疗程结束后,实际恢复效果仅为5%。没办法,医院决定使用进口药物。这样,眭萍每天的治疗费用将高达三四千元。而且,如果要留住眭萍的生命,还需要移植骨髓,移植骨髓则需要约30万元人民币。30万,这对一个山里的农民家庭来说无疑是个天文数字。

班主任张老师是最先得知这个消息的。经过激烈的思想斗争后,张老师终于在某个上午的最后一节课上,向高三195班全体同学道出了眭萍的真实病情。

霎时间,教室里鸦雀无声,空气也仿佛骤然凝固。很快,四周便响起了抽泣声,甚至是痛哭声。

"白血病现在不是绝症,只要有钱,眭萍的病一定能治得好!"课堂上,不知是哪位同学响亮地说了这么一句话。

而这一句话恰恰道出了全体同学的心声。于是,大家你30他50的,纷纷尽其所能,拿出钱来。三天的时间,高三195班的61名同学捐出了4 006元钱。

4 006元在有些人眼里并不算多,但对这些来自山里不富裕家庭的孩子来说,无疑是尽了最大的力量。

高三195班61名同学的真情感动了昔阳中学的全体师生。于是大家都向眭萍伸出了援助之手。几天以后,凝结着师生们纯洁情感和由衷祝福的2.7万元人民币送到了眭萍家人的手中。

从道义上讲,61名同学已经为眭萍尽了力,他们完全可以收回心思,一心一意地为高考做最后的冲刺了。可是61名善良的同学还觉得自己做得很不够,现在,他们心中最重要的事情已不是高考,而是如何得到一大笔钱来救治眭萍。

此时,距离高考已经不到两个月的时间了,可在高三195班的课堂上,同学们每算一道数学题,每背诵一篇古文,都伴随着眭萍的影子,没有人忘记,眭萍的生命还在生死线上挣扎。

突然,班上的一名同学想出了一个好主意——买彩票。一张彩票两元钱,一等奖80万元人民币,如果中了一等奖,不就有为眭萍治病的钱了吗?

这天,高三195班的61位同学都在紧张的复习中抽出了一点儿午休的时间,大家约好每人至少买两张彩票,谁中了大奖,谁就把钱捐出来给眭萍治病。

听说买彩票靠的是手气，61位同学就一齐默默祈祷，随后排好队，依次序一个个地写下自己的生日或自认为吉祥的数字作为兑奖号码。

但遗憾的是，他们的100多张彩票没有一个号码中奖。令人欣慰的是，昔阳县两位彩票大奖的获得者被高三195班全体同学的义举深深感动了，他们分别为眭萍捐助了10 000元和3 000元。

但这对于眭萍的病情来说，仍然是杯水车薪。61位同学还在继续想办法。

一天，有位同学突然提议道："我们向文艺界的明星求助吧！总的来说，明星们的收入要比普通百姓高一些，我们写信把眭萍的病情告诉他们，也许会得到帮助。"

这个建议不知怎么让班主任张老师知道了。从前，张老师最反对同学们追星，尤其是听到有的同学唱流行情歌，心里更是不舒服，可现在情况不一样了。于是，老师十分动情地对同学们说："这回你们就大胆地去追星吧，就算是多写了一篇作文。"

这可不是普通的作文啊，每一封信都字字情真，句句意切，读来让人荡气回肠，催人泪下。

"×××叔叔：你的歌声时常回荡在我的耳边，你说'一个篱笆三个桩，一个好汉三个帮，为了大家都幸福，世界需要热心肠'，而现在，眭萍需要的就是大家的热心肠……高三195班宋扬。"

"×××叔叔：又一个春天来到了。61只小蜜蜂都在采花蜜，唯有一只没有来……我们相信，人间自有真情在，好心的你一定也希望她有一个再生的机会。高三195班郝海芬。"

"×××老师：您是一位文化考察者，在对山西的考察中，您一定不会忽略大寨这个名字吧！现在，有个大寨的优秀学生得了白血病……高三195班陈彬。"

……

61个善良的孩子给61个明星各写了一封信。如此大规模的"追星行动"，在中国也许还是第一次。

简直可以说是奇迹，61封信通过一个特别的渠道在第一时间纷纷寄到了明星们的家里、公司里。明星们被61个孩子善良的举动深深地打动了，为了一个年轻的生命，他们纷纷慷慨解囊，其中不少明星还在百忙之中抽出时间到解放军307医院看望这个大寨少女。

7月份高考的日子到了。就在高三195班同学即将走入考场的时候，他们也没忘记通过眭萍的家人为眭萍送去了毕业留言册。在留言册上,有个同学写道:"给自己一个笑脸,让自己勇敢地面对艰难;给自己一个笑脸,我们都等你回来!"

就在61名同学走入考场的时候,眭萍的骨髓移植手术因资金的及时到位而进入实施阶段。似乎上天也被这滚滚如潮的爱心感动了,眭萍的手术很成功。

……

当眭萍出院后回到山西家乡的时候,她的昔日同学大都已考上大学奔赴天南海北了。眭萍已经很难看到那一张张充满阳光和友爱的笑脸,但那份比大海还深的同学情将萦绕在她心头,终生不会消逝。

 哲学智慧

患难之时见真情,在同学有难时,无怨无悔地给予无私的帮助,才是对同学的真爱和真感情。

每个人都有遇到困难的时候,比如有的同学因学习退步而丧失信心,有的同学因家庭经济状况困难而不能正常上学,有的甚至身染重病……这正是需要你雪中送炭的时候。不要总是觉得"我的能力有限,无法帮他脱离困境"。只要你伸出帮助同学的双手,就能在心理上给他强有力的支持,使他坚强起来,顺利渡过难关。

每个人在遇到困难和挫折的时候,往往心理都很脆弱,这时他就会渴望有人帮自己分担一下。而此时,你若及时地伸出援助之手,那他一定会铭记在心,永远都会感激你对他的帮助。

第四章

爱祖国、爱社会

爱祖国是一种坚定、稳固的情感。正因为具有坚定性、稳固性，爱祖国这一情感才称得上是一个人的最高尚的情操、最深厚的情感。对祖国深沉而执着的爱，是中国人不变的情感、永恒的道德。个人的得与失不应当成为爱国情感的绊脚石。

爱社会，是我们每个人的责任，只有懂得爱社会，学会爱社会，才能使自己被社会所容纳，才能使自己将来走上社会时得到他人的赞许和认可。

1. 爱国如家，以国为先

苟利国家生死以，岂因祸福避趋之。

——［清］林则徐

　　爱，是人类最美好的语言。在爱的范畴里，爱国是一种最高尚、最基本的情感。当然，爱国不是抽象的，也不是只有在祖国危亡的关键时刻才能表现出来。爱国是具体的，它体现在日常行为中。爱国之心首先体现在平时对家庭、父母、亲友和家乡一草一木的感情上。但是，爱国又不能简单地等同于爱家。中国的传统美德历来要求人们以爱国报国为至高无上的目标，也就是所说的"爱国如家，以国为先"。这是因为，没有国就没有家，只有国家富强，人民安居乐业，才有家庭的幸福。

　　"爱国如家，以国为先"自古以来就是爱国志士的座右铭。在当代中国，爱国就要爱社会主义，因为二者是有机统一的。祖国不是抽象的，它有自己的山川、原野、宝藏、历史、文化。爱祖国就要爱建设这些大好河山和创造历史文化的人民，爱社会主义制度，坚信中国共产党的领导。社会主义制度的建立，使我国劳动人民成为社会的主人；建设中国特色社会主义的伟大事业，使亿万群众建设现代化的伟大热情和聪明智慧得到最大限度的发挥。社会主义使我们的祖国充满了生机和活力。

　　这些爱国情感对于国人来说不可缺少，但就个人的具体情况而言，爱祖国的最直接表现就是用自己的实际行动为祖国增光添彩，在平凡的岗位上努力为祖国建功立业。

精彩故事 1

❋ 因为我在这儿

　　北京某中学的一位女同学曾接受联合国儿童基金会的邀请，去荷兰参加"世界儿童为和平、为未来"的聚会活动。

在荷兰首都阿姆斯特丹郊区一个叫诺维克的地方举行活动时,她看到宾馆前面升起了几十面旗帜。她懂得,按照国际活动的惯例,这里升起的旗帜应该包括每一个与会者所在国家的旗帜。她兴奋而又急切地寻找,可是偏偏没有看到五星红旗。

这位同学马上意识到这是对中华人民共和国尊严的损害。她立即找到活动的组织者,严肃地问道:"我怎么没有看到我们中国的国旗?一定要升起中国国旗,因为我在这儿!"

活动的组织者被她真挚的爱国热情和强烈的民族自尊心震撼了,真诚地表示道歉并很快升起了庄严的五星红旗。

五星红旗飘扬在诺维克上空,人们称这位把自己和国旗紧紧联系在一起的同学是"合格的中华人民共和国的代表",高度称赞她的国旗意识。

哲学智慧

维护国旗、国徽、国歌的尊严,就是维护祖国的尊严,这是每一个公民都应自觉做到的爱国行为。其实,不论是哪一个公民,都应该对国旗、国歌、国徽树立一种神圣、庄严的意识,自觉地维护祖国的尊严。"爱国"二字,绝不是一个狭隘的概念,而是包含着极其丰富的内容。爱国,既表现在生死考验的战场上,也表现在和平的环境里,表现在日常生活的一言一行之中。可以这样说,只要对祖国有利的,无论你从事何种职业,做何种事,都包含着爱国主义的成分。是的,我们的每一项事业都连着祖国的荣誉,每份平凡的工作都是为祖国服务的岗位,我们做好自己分内的事情,就是爱国的具体行动。

精彩故事 ❷

✵ 中华古今仁人志士的爱国情

西汉大将霍去病,为抗击匈奴,征战千里,战功赫赫。为褒奖他的战功,汉武帝为他修造了豪华府第。霍去病拒绝道:"匈奴未灭,何以家为?"

我们都知道岳飞精忠报国的故事。

岳飞幼年家境贫寒,以拾柴为生。但他刻苦读书习武,期望日后能够报

效祖国。当金兵入侵宋朝,铁蹄踏处,烧杀抢掠,国家和人民遭到灾难时,岳飞决心拼杀疆场,不许敌人侵略、践踏自己心爱的国家。20岁时,他参加了抗金队伍。行前,岳飞的母亲用针在他背上刺了"精忠报国"4个大字,希望岳飞不要记挂家里,千里征战,报效祖国。

几年的军旅生涯,岳飞已成为让金兵闻风丧胆的名将。为了祖国,他终日金戈铁马,驰骋沙场。岳飞曾说:"以身许国,何事不敢为!"在爱国名篇《满江红·怒发冲冠》中,他写道"三十功名尘与土,八千里路云和月",表达了自己不计功名、一心报国的情操。

近代辛亥革命时期的黄花岗七十二烈士,抛妻别父,慷慨就义,也说明了中华儿女爱国如家之心。

方声洞烈士在诀别书中劝慰其父,要以国事为心,不必为儿子的死过于难过。他说:"夫男儿在世,若能建功立业以强祖国,使同胞享幸福,奋斗而死,亦大乐也;且为祖国而死,亦义所应尔也。"他希望父亲能用"爱国之精神"教育孙子,让他长大后继承父志,为国战斗。林觉民烈士在给妻子的诀别书中写道,由于清政府腐朽卖国,全国人民都陷入水深火热之中,自己决心先她而死,并非不爱她,而是想"助天下人爱其所爱"。他希望妻子也能以天下人为念,懂得牺牲小家庭的幸福正是"为天下人谋幸福"的道理。

方志敏是一位在反帝反封建斗争中为中国人民的解放事业英勇献身的烈士。他在狱中,在极艰苦的条件下,以自己的心血写下了《清贫》《可爱的中国》《狱中纪实》等作品。他认为祖国虽然衣衫褴褛,但依然是可爱的母亲。他坚信,未来的祖国一定会根治创伤和贫穷,成为世界上最美的母亲。对敌人,他是钢铁;对人民,他是赤子。他以自己的生命去回报祖国母亲。

方志敏在狱中写道:"如果我能生存,那我生存一天就要为中国呼喊一天。如果我不能生存——死了,我流血的地方或者我葬骨的地方,或许会长出一朵可爱的花来。这朵花,你们就视为我的精神寄托吧!在微风的吹拂中,如果那朵花上下点头,那就视为我在向为中华民族解放而奋斗的爱国志士致以革命的敬礼;如果那朵花左右摇摆,那就视为我在提劲儿唱着革命之歌,鼓励战士们前进!"

伟大的中华民族,以美妙多姿的山河、博大精深的文化、源远流长的历史,养育了一代又一代优秀子孙。中华儿女对哺育了自己的整个民族怀有

深沉的依恋、由衷的敬爱,并且为了祖国富强、民族繁荣,一代代地继志述事、前赴后继。由此形成了一种无形却有力的民族传统、民族精神,它如同血脉般贯通在祖国历史中,渗透在民族文化里。不独是霍去病、岳飞、方声洞、林觉民、方志敏,每个历史时期,都会涌现出一批这样的民族精英。他们由爱家走向爱国,先国而后家。有了他们,祖国才由弱变强,由衰变盛。热爱祖国,就应该把爱家庭、爱父母、爱家乡同爱国结合起来,统一起来,牢固树立爱国主义观念。

精彩故事 3

❋ 一首《示儿》传千古

陆游生于北宋灭亡之际。他出生后的第二年,就赶上金兵大举入侵宋朝。受家庭爱国思想的熏陶,他从小就立下了爱国志向,决心"上马击狂胡,下马草军书"。在《夜读兵书》中,陆游写道:"平生万里心,执戈王前驱。战死士所有,耻复守妻孥。"

中年以后,陆游更是以为国立功、收复中原失地为自己的奋斗目标。直到晚年病重时,他的报国信念和爱国热情依然不减当年。

83 岁高龄时,他还这样倾诉豪情:"一闻战鼓意气生,犹能为国平燕赵!"金兵践踏中原,陆游曾多次表示要挥戈跃马,收复失地。但是,"报国欲死无战场",陆游的请求被软弱无能的南宋朝廷拒绝了。壮志未酬,心感苍凉,陆游"悲歌仰天泪如雨"。

晚年病卧床榻,在风雨交加之夜,他依然渴望为国戍边。

在《十一月四日风雨大作》一诗中,陆游吟道:"僵卧孤村不自哀,尚思为国戍轮台。夜阑卧听风吹雨,铁马冰河入梦来。"赤心报国的热忱使陆游夜不能寐,梦中也要驰骋寒疆,挥戈征战。

在弥留之际,陆游让儿子端来笔砚,用颤抖的手写下了一生中最后一首诗——《示儿》,作为留给儿子的遗嘱。"死去元知万事空,但悲不见九州同。王师北定中原日,家祭无忘告乃翁。"意思是说:个人生死原是没有什么值得留恋的,遗憾的是未能看到祖国山河的统一。等到有朝一日宋朝的军队收复了中原失地,家中举行祭祀时,千万不要忘记把这个好消息告诉你们九泉之下的父亲。《示儿》展现了中国人毕生至死爱国的心迹,千百年来一直被人们传诵。

哲学智慧

爱国,也许要付出代价,也许要舍弃些什么;爱国之心,也许要体现在困难当头之际,也许要体现在血与火的征战中,也许要体现在数不清的波折和坎坷之时。然而,我们中华民族的一切爱国者,都会一往无前,至死不渝。

对祖国的热爱,是至死不渝的情感,是坚定执着的信念。每一个中国人都应为了祖国的事业,前仆后继,九死不悔。

爱国,是我们崇高而神圣的职责。今天,我们讲爱国,首要的就是要努力学习。把爱国之情、爱国之志转化为效国之行,就要从自身做起,从现在做起。

今天的青少年朋友,应当发扬五四爱国精神,肩负起时代的重任,报效祖国,建设中国特色社会主义,把个人的前途同国家的前途结合起来,把个人的志向同国家的需要结合起来,去创造社会主义祖国的美好未来。

2. 以高度的责任感爱社会

人只有献身社会,才能找出那实际上是短暂而有风险的生命的意义。

——[美]阿尔伯特·爱因斯坦

热爱社会,自觉地遵守社会公德,是现代社会中每个社会成员良好道德品质的应有表现。一个热爱社会、品德高尚的人,必然会在社会活动中处处严格要求自己,事事按道德标准约束自己的行为。特别是当个人利益与社会公德发生冲突时,我们必须无条件地放弃或牺牲自己的个人利益,维护社会公德。

"没有规矩,无以成方圆。"每个人的行为都会影响到社会中的其他人,法律和纪律正是制约和调节社会生活中每个人行为的准则。每个人的行为都离不开法律,都离不开一定范围内的纪律,如学校的学习纪律、企业的劳动纪律和社会组织的政治纪律。一个有道德素质,特别是社会公德心的人,更应该学法、守法、遵守纪律,养成良好的行为习惯,成为一名模范公民。爱社会也包括同社会不良行为做斗争,以营造和谐的社会环境。

因此,培养青少年的社会责任感是极其重要,也是非常必要的。社会责任感是人类劳动的持久源泉,是社会稳固的基石,是一个人道德素质的核心。社会责任感的有无关系到国家的兴衰成败与个人的道德品质。社会责任感是个体社会化进程中,基于对社会、国家的高度热爱,主动承担社会义务和责任的高尚使命,它表现为理想和价值观高度统一的精神风貌和人生情怀。

精彩故事 1

✿ 勇斗歹徒,弘扬社会正气

1994 年 6 月 7 日,小雨渐渐沥沥地下着。

中午放学后,好学的李蒙做完作业,已是下午 1 点了。学校离家有两里多的山路,为了赶上下午的课,李蒙冒着小雨,撑着伞一路小跑往家里赶。

从学校到李蒙家要经过一片河滩,河滩长满了茂盛的芭茅。当她跑到河滩边时,迎面冲来一个骑车的中年妇女,她神色慌张地告诉李蒙:"小姑娘,别往前去了,刚才一个坏人拖着一名女学生到草丛中去了,你可要当心啊!"

"什么? 坏人拖了一名女学生? 莫不是在我前面走的阳敏吧?"李蒙心里"咯噔"一下,"不行! 我要去救她!"李蒙随即加速向前跑,她心中只有一个念头:绝不能让阳敏遭毒手!

"喂,你别逞能,你一个小姑娘能有多大能耐? 再说,谁见了这种事谁就要倒霉的!"那个中年妇女喊完,骑上车就跑了。

李蒙心急火燎,一个劲儿地向前跑去。

"不行! 这一带人烟稀少,我一个人上去硬拼恐怕不行。"想到这,李蒙止住脚步,思索着办法。突然,计上心来。她迅速跃上路边的高坡,一边寻找着阳敏,一边高声呼喊:"抓坏蛋——救人啦! 阳敏你别怕,老师和同学们都来啦!"终于,她发现了阳敏和那个歹徒,她"飞"下高坡,像离弦的箭一样猛扑过去,抓住正要施暴的歹徒便打,雨点般的拳头砸在歹徒身上。她边打边喊:"老师快来呀——坏蛋在这里!"歹徒被李蒙突如其来的袭击吓蒙了,丢下阳敏,仓皇逃窜。

阳敏得救了!

李蒙搀扶着阳敏回家。阳敏一家人感激不尽。年仅13岁,身高一米四的李蒙,用自己的智慧和胆略战胜了凶恶的歹徒,使同学免遭毒手,她的事迹谱写了一曲感人肺腑的时代正气之歌。

哲学智慧

热爱社会的一个重要表现,就是不仅自己遵纪守法,而且以实际行动努力维护社会公共秩序。见义勇为,敢于和坏人坏事做斗争,就是其中的表现之一,也是公民社会责任感的高度体现。面对邪恶,如果每个公民都挺身而出,见义勇为,邪气自然成不了气候;如果每个人都自私怯懦,不敢斗争,明哲保身,必然助长邪恶势力的嚣张气焰,结果也会殃及自身。在邪恶面前,挺身而出的人多了,不法分子就会成为过街老鼠,正义就能压制邪恶,这样就能形成一个安全和谐的社会环境。上面这个故事中的主人公就是我们应该学习的榜样。

精彩故事 ②

❈ 一个家庭悲剧的启示

陕西省某市的一个很平静的住宅区内,发生了这么一件事。家住六单元2号的王某,突然将妻子和上中学的儿子砍倒在餐桌上,案发现场一片狼藉。王某被公安机关制伏,经审讯,王某承认了自己的罪行。这件凶杀案的起因引起了人们的深思。

王某自单位下岗以后,同别人一起经营钢材生意。由于王某聪明能干,加上妻子和儿子的支持,没出两年,王某已经把钢材生意做得红红火火。随着生意的兴隆,王某的腰包渐渐鼓起来。

一次偶然的机会,王某和一个专做烟草生意的人认识了。在一次酒席上,那人向王某推荐了一样东西,并让他抽抽试试。王某经不住诱惑,便试着抽了一口。从那以后,王某便染上毒瘾,并从此一发不可收拾。起初妻子和孩子并未在意,认为不久后他肯定能改,可是,王某不但没有戒毒,而且将几年来辛苦挣来的积蓄都用来买毒品。

到最后,王某变卖了家里所有的财产,以维持他日益扩大的毒瘾需求。当这一切又被挥霍一空时,他决定把房子也卖掉。这时妻子和孩子才意识到问题的严重性,他们开始规劝,然而因为吸毒而丧失理智的王某却拿着菜刀,将母子俩砍倒在血泊之中。

哲学智慧

王某的下场可想而知,一个家庭从此破灭。王某的这种做法给整个家庭带来了不幸,也给社会带来了不和谐。上面的故事给人们留下了一个沉重的话题:如果不及时帮助一个已有不良嗜好的人,危害将会有多大。

一个人的不良嗜好的形成有着很多方面的原因,朋友的蛊惑,长期以来形成的依赖,自己不坚定的意志,但不管是什么原因,都会把自己推进痛苦的深渊。当我们身边的人出现某种不良嗜好的苗头时,一个具有社会责任感的人就该行动起来,不要畏惧,也不要放任不管。就算是最亲近的人,一旦到了迷醉某件东西而不能自拔的地步时,也会搞不清方向。他们一般不会自己走出迷宫,重获新生,但我们的及时劝阻或是为他们所做的力所能及的辅助工作,往往能够避免悲剧的发生。

精彩故事 3

❀ 远离不良嗜好,从自身做起

王欣的爸爸是做编辑工作的,因而每日烟不离手,有时一天竟然要抽三包才能满足。终于,在一次体检中,王欣爸爸的身体查出了毛病,肺部严重损坏,如不及时治疗,将会引发各种呼吸道疾病。检验单出来以后,王欣和妈妈都无法接受这个现实,他们想不到爸爸的身体竟会差到这种地步。然而,事实终究是事实,它不会有任何改变。令人遗憾的是,看到检验结果的爸爸对此却不以为然,依旧一天三包烟,没有丝毫改变。

　　终于有一天,王欣在给爸爸倒痰盂时,发现了里面的血丝,他惊慌失措,妈妈也发现了这个问题,他们决定从这天开始帮助爸爸戒烟。

　　起初的几天,爸爸当然"负隅顽抗",并且拿马克·吐温的笑话来为自己搪塞:"戒烟很简单,我已经戒过100多次了!"王欣知道爸爸旧习难改,他决定先让老爸从心理上认识到抽烟有害健康这个事实。于是,他跑到医院,借回几盘有关吸烟危害的录像,放在老爸的屋里。第二天早上,他在替爸妈收拾房间时,发现烟灰缸里的烟灰明显要少于平常。王欣知道自己的办法起作用了。他赶紧施行第二个方案,就是争取让老爸住院治疗。这可是个令人头痛的问题,因为老爸始终认为自己的这点"小病"根本用不着住院治疗。为此王欣颇费了些脑筋。最后,他灵机一动,决定编一个谎话。他先和妈妈商量了一下,妈妈被王欣的妙计逗得前仰后合。第二天,爸爸接到了从美国打来的越洋电话。王欣的舅舅告诉他,现在美国流行一种病毒,主要感染肺部,并且此病的罪魁祸首就是过量吸烟。爸爸听到这话后吓坏了。回到家后,他吞吞吐吐地说:"如果……明天……你们方便的话,我……我希望你们陪我去医院。"王欣和妈妈相视一笑。第二天,他们坐上了开往医院的班车。

　　如今王欣爸爸的肺病已经治好,他也知道了自己住院背后的故事。每次提及此事,他都会大大夸奖王欣一番,因为是王欣帮助他克服了香烟的诱惑。

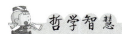 哲学智慧

　　其实,帮助家人克服不良嗜好,有时很复杂,有时也很简单。毕竟,家人对亲友的帮助还是非常乐意接受的。在实行帮助的过程中,我们可以把自己以前听到的或者发生在其他人身上的一些故事讲出来,让他们从别人的事例上得到警示,得到教育。

　　当你发现身边的家人有某种不良嗜好甚至是恶习时,及时地帮助他们去改正和克服,让他们重新回到正常生活中来,这是具有家庭之爱、社会之责的应有表现。家人的不良嗜好可能会给整个家庭都蒙上阴影。在家人控制不住自己的行为之时,你作为家庭一员如果能伸出援助之手,帮助家人摆脱不良嗜好的控制,便是对他们的一种理性之爱。

　　帮助家人摆脱不良嗜好,是对家人表达爱的一种方式。在我们帮助家人的同时,本身也会受到这方面的洗礼,对自己也是一次很好的教育,对整个社会的文明和谐也是一种有益的贡献。

第五章

珍惜友谊，让真情永驻

　　很多人都熟悉并且会唱《友谊地久天长》这首歌曲，很多人都会无比珍惜和珍爱已经拥有的友谊。是的，友谊来之不易，它从来不会让人们随便得到。没有真心的付出，不会得到真诚的友谊；没有无私的奉献，不会拥有恒久的友谊。不会友好地交往，就很难获得友善的朋友。交往是友谊的敲门砖，交往艺术是友谊长存的常青树。要想真情永驻，我们岂能不善交往？

1. 友谊是人生的宝贵财富

名声、荣誉、快乐、财富这些东西,如果同友情相比,它们都是尘土。

——[英] 查尔斯·达尔文

友谊是清清的水,平日里你甚至感觉不到它的存在,只有到了最需要的时刻,你才能体会到友谊是何等珍贵。

友谊是陈年的酒,时时品尝每每都会有不同的味道,只有经过岁月的考验,你才能感悟到友谊是何等伟大。

我们都期待着能够获得真正的友谊,我们都希望这种友谊能够地久天长。但残酷的现实,总是把这种美好的心愿打得粉碎。当利益渗透进来,原来亲密无间的朋友却会反目为仇;当误解插足以后,曾经牢不可破的友谊却变得不堪一击;当谎言染指之后,多年来共同构筑的友情大堤,却被瞬间冲得干干净净。是友谊根本就无力承担生活的重负和考验吗?不是。是我们自己误解了友谊,选错了朋友。

真正的友谊,是在患难中形成的,绝没有功利色彩,可以经受生死的考验。所以,友谊不是仅仅能带来快乐的驿站,而是能与你同甘共苦、走过风雨的马车,它朴实却很牢固,平淡却能持久。

我们理当珍视早年的交情。当年我们不曾把秘而不宣的烦恼和扑朔迷离的壮志告诉父母,却毫无保留地说给朋友听;当我们还力不胜任的时候,我们就曾为了同胞般的情谊而相互提携。儿时和少年时的友情在人到中年的时候,常常变为手足的关系,这对事业上形成鼎力相助之势以及对人生的快意而言有着无可估量的意义。

精彩故事 ①

❋ 治病的药

有一个叫德诺的少年,10 岁那年,他因输血不幸染上了艾滋病,伙伴们

都躲着他，只有大他 4 岁的爱笛依旧像从前一样跟他玩耍。

　　一个偶然的机会，爱笛在杂志上看见一则消息：新奥尔良的费医生找到了能治疗艾滋病的植物。这让他兴奋不已。于是，在一个月明星稀的夜晚，他带着德诺悄悄地踏上了去新奥尔良的路。

　　为了省钱，他们晚上睡在随身携带的帐篷里。德诺的咳嗽多起来，从家里带来的药也快吃完了。这天夜里，德诺冷得直发抖，他用微弱的声音告诉爱笛，他梦见 200 亿年前的宇宙了，星星的光是那么暗，他一个人待在那里，找不到回来的路。爱笛把自己的鞋塞到德诺的手上，说："以后睡觉就抱着我的鞋，想想爱笛的臭鞋还在你手上，爱笛肯定就在附近。"

　　孩子们身上的钱差不多用完了，可到新奥尔良的路还很远。德诺的身体越来越弱，爱笛不得不放弃了计划，带着德诺回到了家乡。爱笛依旧常常去病房看德诺，他们有时还会玩装死的游戏吓医生和护士。

　　一个秋天的下午，阳光照着德诺瘦弱苍白的脸，爱笛问他想不想再玩装死的游戏，德诺点点头。然而这回，德诺却没有在医生为他摸脉时忽然睁开眼笑起来，他真的死了。

　　那天，爱笛陪着德诺的妈妈回家。两人一路无语，直到分手的时候，爱笛才抽泣着说："我很难过，没能为德诺找到治病的药。"

　　德诺的妈妈泪如泉涌地说："不，爱笛，你找到了。"她紧紧搂着爱笛，"你给了他快乐，给了他友情，给了他一只鞋，他一直为有你这个朋友而满足。"

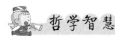

哲学智慧

　　在这个视名利、金钱至上的社会，人与人之间的关系日益疏远，生活也显得枯燥乏味。我们可曾去思考过，是什么因素让我们过着这富裕而空洞的生活？友情的匮乏是其中重要的因素之一。

　　有位哲学家曾说："我们需要两种东西来安慰心灵的痛苦，一种是爱情，另一种是友谊。"

　　有许多曾经被我们一度引以为近友的人，由于经不起漫漫岁月的消耗，已经渐渐疏远我们。剩下的一些，有的或许能与我们一同走完生命的长路，有的依旧慢慢地与我们分离。

　　苛求完美，寻找没有缺点的朋友的人，永远不会有朋友。谁也不可能找到一个和自己步步合拍、一模一样的人。因此,只要我们拥有的这份友谊是真挚的,是不掺杂虚伪的,我们就应当珍惜它,并为拥有它而感到骄傲。因为,珍爱友谊比珍惜财富更重要。

精彩故事 ❷

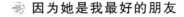

❀ 因为她是我最好的朋友

这是发生在越南的一个孤儿院里的真实故事。

由于飞机的狂轰滥炸,一颗炸弹被扔进了这个孤儿院,几个孩子和一位工作人员被炸死了。还有几个孩子受了伤。其中有一个小女孩流了许多血,伤得很重!

幸运的是,不久后一个医疗小组来到了这里。这个医疗小组只有两个人,一个女医生和一个女护士。

医生很快对伤者进行了急救,但在那个小女孩那里出了一点问题。因为小女孩流了很多血,所以需要输血,但是她们带来的为数不多的医疗用品中没有可供使用的血浆。于是,医生决定就地取材,她给在场的所有人验了血,终于发现有几个孩子的血型和这个小女孩是一样的。可是,问题又出现了。那个医生和护士都只会说一点点的越南语,而在场的孤儿院的工作人员和孩子们只听得懂越南语。

于是,医生尽量用自己会的越南语加上一大堆的手势告诉那几个孩子:"你们的朋友伤得很重,她需要血,需要你们给她输血。"终于,孩子们点了点头,好像听懂了,但眼里却藏着一丝恐惧。

孩子们没有吭声,没有人举手表示自己愿意献血。医生没有料到会是这样的结局,她一下子愣住了。为什么他们不肯献血来救自己的朋友呢?难道刚才说的话他们没有听懂吗?

忽然,一只小手慢慢地举了起来,但是刚刚举到一半却又放下了,过了好一会儿又举了起来,手也没有放下。

医生很高兴,马上把那个小男孩带到临时的手术室,让他躺在床上。小男孩僵直地躺在床上,看着针管慢慢地插入自己细小的胳膊,看着自己的血液一点点地被抽走,眼泪不知不觉地就顺着脸颊流了下来。医生紧张地问是不是针管弄疼了他,他摇了摇头,但是眼泪还是没有止住。医生开始有一点慌了,因为她总觉得有什么地方弄错了,但是到底错在哪里呢?针管是不可能弄伤这个孩子的呀!

关键时候,一个越南的护士赶到了这个孤儿院。医生把情况告诉了越南护士。越南护士忙低下身子,和床上的孩子交谈了一下。不久后,孩子竟然破涕为笑。

原来,那些孩子都误解了医生的话,以为她要抽光一个人的血去救那个小女孩。因为想到不久以后就要死了,所以小男孩才哭了出来。医生终于明白为什么刚才没有人自愿出来献血了,但是她又有一件事不明白。"既然他以为献过血之后就要死了,为什么还自愿出来献血呢?"医生问越南护士。

于是越南护士用越南语问了一下小男孩,小男孩不假思索地就回答了。答案很简单,只有几个字,但却感动了在场的所有人。

他说:"因为她是我最好的朋友!"

哲学智慧

真不知道该用怎样的言语去描绘这个故事带给我们的感动,也不知道该用怎样的言语去描绘两个孩子之间真正的友情。但我们相信,再也没有人会比这个孩子更懂得友情的含义了。

看一看我们身边的人和事吧。还有多少人真正认为友情的价值大于自己的生命呢?不要说生命,即使是自己的利益,又有多少人会为了友情而放弃呢?为了利,有的人甚至可以把朋友当作一种筹码、一种工具。有些人可以对着电脑狂聊一天,但是和现实中的朋友相聚的时间却越来越少。这样做是不是顾此失彼呢?我们无法回答,也没有资格回答。因为,我们自己就是这其中的一个。有心事时,我们会找个没见过面的网友倾吐,却不愿把它透露给自己身边的朋友。也许这样更加易于倾吐吧,但是,这是不是一种对自己朋友的不信任呢?

也许,在上述故事中的那个孩子面前,我们真的该反省一下了!扪心自问:"当我的朋友真的需要我时,我会为他献出自己的一切吗?"

精彩故事 3

✳ 知音——流传千古的友谊佳话

《列子》中记述了这样一个感人的友谊故事:

一天，俞伯牙弹琴。弹第一曲时，琴声高昂激越，砍柴人钟子期闻声驻足道："太好了！巍巍峨峨，如似泰山。"弹第二曲时，钟子期又说："太好了！奔腾回荡，有如长江黄河。"从此，俞伯牙和钟子期成了朋友。钟子期死后，俞伯牙摔断琴弦，不再弹琴，以此酬谢钟子期这位难得的知音。"高山流水遇知音"的佳话流传千古，"知音"不仅成了知心朋友的代名词，也成了高洁友谊的象征。

哲学智慧

人的一生，可以没有金银财宝，也可以没有高官厚禄，但不能没有朋友。没有朋友的人生，是残缺不全、孤独可怜的人生。成就幸福人生，人生得一知己足矣。知音即知心，知心即知己。正如古希腊诗人荷马所说："真正的朋友是一个灵魂寓于两个身体，两个灵魂只有一个思想，两颗心的跳动是一致的。"马克思和恩格斯就是这样的好朋友。在马克思的著作里渗透着恩格斯的智慧和辛劳，在恩格斯的论著中同样包含着马克思的智慧和辛劳。他们的著作被人们赞誉为友谊的结晶。法国工人运动领袖、马克思的女婿保尔·拉法格说："当我们回忆恩格斯的时候，就不能不同时想起马克思。同样，当我们回忆马克思的时候，也就不会不想起恩格斯。他们两人的生活联系得如此紧密，简直是不可分的一个人。"

真正的知音，就是患难之交，就应相互携手，你挽我扶，共渡人生厄运，共攀理想高峰。这样的知音，得到一个就足矣。

2. 友谊要靠真诚获得

人的生活离不开友谊，但要获得真正的友谊并不容易，它需要用忠诚去播种。

——［苏］尼古拉·奥斯特洛夫斯基

真诚,是一个人品格的亮点,它照亮了他人,也温暖了自己。但真诚的亮光很容易熄灭,因而需要用心呵护。

一个人离开了真诚,就失去了作为人的资格,必将在世间难以立足。若想赢得他人的友谊,首先要做到的就是真诚。

路遥知马力,日久见人心。"诚能动人,至诚可以格天",虽说这是老话,但其效力的宏大,古今中外,颇少例外。诸葛亮曾高卧陇中,自比管乐,无意于当世,与刘备素昧平生。刘备深知其才华,三顾茅庐,才得相见,此举表现了他的诚挚。于是诸葛亮便对刘备尽心尽力,虽几经挫折,却绝不灰心,做到"鞠躬尽瘁,死而后已",由此可见真诚之伟力。

那么,我们怎样才能做一个真诚的人?一个简捷的答案就是,一切都得从平时的小事做起。

要做到真诚,不能言行不一。口才虽好,而内心不诚,至多成为"巧言令色"罢了。内心真诚,即使拙于辞令,拙于表情,却能体现出你的朴。诚且朴,效力更大,只要对方对你素无误会,你的真诚,必能感人。

要做到真诚,最忌欺骗。欺骗也许能得一时之利,却不能维持长久。如果你的欺骗日后被人察出,即使你真的有诚意改过,仍会被认为是另一种姿态的虚伪。因此,一生不可有任何欺骗行为。也许你曾遇过这种人,你以真诚相待,他却以谲诈回报,于是,你便对于诚的效用产生了怀疑。其实,真诚的力量是绝对的。之所以会发生例外,只是由于你的真诚还不足以打动对方的心。对一切都要"反求诸己",不必"求诸人",这是用真诚打动人的唯一原则。

精彩故事 ❶

✳ 荀巨伯勇退胡兵

东汉时,有一个名叫荀巨伯的人,一日得急信,说一位朋友得了重病。朋友远在千里之外,故荀巨伯赶了好几天的路程。

可是到了友人所住的郡地后,荀巨伯发现此地已被胡人围住了。他潜入城中探望这位朋友,朋友对他说:"谢谢你在这个时候还来看望我。现在城被胡人围住了,看样子是一定守不住的。我是一个快死的人,城破不破对我来说是无关紧要的。你没有必要留在这里,趁现在能想办法出城,你赶快走吧!"

荀巨伯立刻说:"你这是什么话!朋友有难当共为,现在大难临头,你却要我扔下你不管,自己逃命,我怎么能做这等不义之事?"城破之后,胡人一路打进来,挨户搜索。但见家家户户凌乱不堪,人全逃走,却有一院井然,于是进去,见到了安坐的荀巨伯,遂大发威风说:"我们大军到处,所向披靡,你是何人?竟敢不望风而逃,难道想独当其锋不成?"

荀巨伯对他们说:"你们误会了。我并不是这座城里的人,到这里只是来看望一个住在这里的病友。现在朋友病重,危在旦夕,我不能因为你们来了就丢下他不管。你们如果要杀的话,请杀我,不要杀死我这位已痛苦不堪、无法自救的朋友。"

胡人听了大愕,相顾无语。半晌,有一位头领看了看手中的大刀,发言道:"看来,我们是一群根本不懂得道义的人。像我们这样的人,怎么可以在这样一个崇尚道义的国家里胡闯乱荡呢!走吧!"

胡人竟因此退走,一郡得以保全。

哲学智慧

交友处世,只有捧出一颗赤子之心,才能真正赢得对方的真心,才能和他人成为共患生死的莫逆之交。

跟忠诚的朋友在一起,人们感到安全而又愉快。忠诚的朋友是无价之宝。我们不能用钱买到友谊,也不能用钱来衡量朋友的价值。忠诚的朋友,可以丰富我们的生活,延长我们的生命。

忠诚的朋友完全承认你的自主权,从不干涉你的所作所为。他只会给你安全感,这种安全感来自忠诚的友谊。

只有真诚,才会使你获得真正的朋友,使你在复杂的人际交往中立于不败之地。若想获得知己,必先以真诚待人。

精彩故事❷

❋ 妈妈,我要剃光头

安迪放学回来,小脸阴沉着,妈妈过去摸了摸他的额头,还好,没有发烧。

妈妈问他："怎么了？做错了什么被老师惩罚了吗？"

"不是。我们班的古柏得了癌症，不来上学了。"安迪说。

"他会好的，你们要有信心，不是所有的癌症都不可治，对不对？"妈妈想不出什么话能让一个不到10岁的孩子理解生与死。

安迪犹豫了一会儿，怯怯地望着妈妈："可是，老师说，他在做化疗，头发都掉光了。"

"也许，不久又会长出来的……"妈妈的心里泛起了一阵悲意。

"我们班有几个同学，明天想去医院看他。"

没等安迪说完，妈妈抢着说："好极了。你们可以在院子里剪些鲜花带去。"

安迪忽然吞吞吐吐起来："我们想……想一起剃个光头再去。"

妈妈愣住了。

安迪终于直视着妈妈，勇敢地说道："带我去理发店，好不好？我要剃光头。"

妈妈不知道说什么才好，习惯性地打开冰箱，给安迪倒了杯牛奶。

安迪一边在餐桌上摊开书包里的东西，一边再次说服妈妈："是我想到的主意。我跟汤姆和路易说，我们也把头发剃光，好叫古柏放心，我们跟他一样，他就不怕了。"

妈妈看着儿子，异常感动……最终，妈妈决定陪安迪去理发店。

在理发店里，安迪兴奋得手舞足蹈，骄傲地宣讲着他剃发的目的。不一会儿，汤姆和路易也来了，他们的家长都以此为荣，连理发师也被感动了，对他们说："今天就不收你们理发的钱了。古柏有你们这样的同学真棒……"

望着三个小光头，妈妈忽然间记起了自己的童年和曾经收集的无数顶小帽子。因为自己小时候头发稀疏，不男不女，常常觉得羞于见人。最后，还是姨妈想出的好主意：每次带她出门，就让她戴顶帽子。收集帽子便因此变成了妈妈的一种嗜好。

回到家里，妈妈对安迪说：

"我有个更好的主意，明天去医院之前，请同学们来我们家，我要送你们每人一顶帽子，你说好不好？我有一顶最贵的帽子，是以前外祖父从法国买回来的，还跟新的一样，你带去给古柏，他一定会喜欢的。"

安迪高兴极了，搂着妈妈说："妈妈，我爱你……"

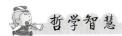 哲学智慧

人们常说,父母是孩子的第一任老师。这句话无疑是对的,但很多时候,孩子也会给父母上课。很多幼小的孩子,用自己的天真、活泼、童言无忌、真挚感情、善良、快乐等,感染了成年人,也教育了为他们自豪的爸爸妈妈。故事里的小主人公说:"我们也把头发剃光,好叫古柏放心,我们跟他一样,他就不怕了。"多么可贵的童心,多么朴素真挚的友爱。小小年纪有如此关爱他人之心,作为父母,难道不值得骄傲吗? 培养孩子有一颗善良、怜悯之心,整个世界就会变得更加温暖。

精彩故事 3

❈ 司马迁的患难知己

司马迁有位叫任安的朋友,在益州做刺史时给他来了一封信。信中说:"子长兄,你现在做着中书令这样的大官,掌管着国家的机要,地位显赫,又能够经常见到皇上。你本应该充分利用这个条件,多向皇上推荐一些有才能的人,让他们有为国家做贡献的机会。可是我从来没听说过你推荐过谁,这是你的失职啊!说实在话,我对你很失望。"司马迁没有给任安回信,对朋友的批评没有做任何的解释。

两年之后,任安大祸临头,被关进了监狱。原来在汉武帝和太子争战的时候,太子曾以皇上的名义调动任安的兵马。任安没有发兵,没想到汉武帝取胜后,认为任安是太子的亲信,竟下令逮捕了他。到这年秋后,任安就要被处以腰斩的极刑了。

司马迁听到这一消息后大吃一惊,他再一次看到了皇帝的残忍。因为有亲身体验,他非常同情任安。在别的大臣都纷纷表示和任安没有关系的时候,司马迁却找出任安以前给他的那封信,心想:"少卿啊,我本来不想给你回信了。现在,你遭到大难,我倒要写封信安慰安慰你。我和你有过同样的遭遇,知道人在这个时候是多么希望朋友的帮助啊!"

司马迁在信中写道:"你当初写信,让我推荐有才能的人到朝廷做官。

可是我听说，人世间最大的耻辱就是像我这样，受了腐刑。自古以来，人们都不和受了腐刑的人交往，我又怎能去推荐天下的人才呢？我年轻的时候，以为自己很有才干，也曾希望得到皇上的赏识，可谁知道，我只是为李陵说了几句话，就激怒了皇上，受到了这样的腐刑……受刑后，我一想到自己所受的耻辱，就觉得没脸见人。我曾想到过死，可我的史书没有写完，父亲的遗愿还没有实现，我还不能死，无论如何，也要活下去。只要我写完史书，后人就能得到它，我受的耻辱也就得到了补偿。到那个时候，就是把我千刀万剐，我也不后悔了。"

任安被关在监狱里度日如年，他是多么希望有人来安慰自己啊！可是往日与他要好的朋友，一个个都躲得远远的。他只能独自叹息。忽然有一天收到了司马迁的来信，任安读了一遍又一遍，感动得泪流满面，说道："子长兄啊，你真是一个了不起的人！你虽然身体残疾了，可你身残志不残，你是真正的男子汉！你和你的史书，都将永垂千古！"

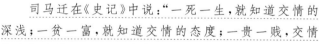

这是一段感人的故事，司马迁与任安是患难中的知音，是真正的知音。之所以这样，最重要的是他们能相互理解。

司马迁在《史记》中说："一死一生，就知道交情的深浅；一贫一富，就知道交情的态度；一贵一贱，交情的真假自然可见。人在患难之中，馈赠一文，胜过富贵场上挥霍万金。"这段话正是对真诚友谊和知己的最佳概括。

古今人生总结的一条经验就是：患难之中方见真情。能够和朋友共同承担苦难，这是赢得朋友真心的一种有效方法。

3. 友谊无价，永远不要伤害朋友

得不到友谊的人将是终身可怜的孤独者。

——[英]弗朗西斯·培根

朋友是一把伞，虽不能遏制狂风暴雨，但能撑出一方晴空。没有朋友就像雨中无伞，在风雨中无助地独行。朋友是无声的同伴，朋友是另一个自己——他们中的每一方都对对方感兴趣的事物感兴趣，都尽心竭力地帮助对方在生活中取得成功，对对方的事业鼎力相助，并为对方所取得的每一点进步和成功欢欣雀跃。试想一下，在这世上还有比朋友的忠诚和奉献更崇高、更美丽的东西吗？

朋友间的友谊是人生的宝贵财富，是当你接近沉沦时突然增添的助飞旋桨。

什么是真正的友谊？真正的友谊，就是在我们自己抛弃自己、自己厌恶自己时，朋友仍然忠诚地站在我们这一边。

真正的友谊，很少被本能的欲望和利益的权衡所驱使，因为它是心与心亲密地接触相撞而产生的语言所不能表达的强烈的共鸣，是摒弃了其他任何目的的纯信赖的感情。

友谊，足以照亮人生的旅途。

人与人之间需要友谊。当朋友遇到困难、需要帮助的时候，我们要伸出援助之手，尽己所能地帮助他们。

友谊可以为我们营造和谐的生存环境，可以体现我们的人性之美，更能体现我们人性的高贵。

精彩故事 ①

❋ **一堂生动的教子课**

小路里和詹森虽然相差两岁，却是幼儿园混龄班里一对出了名的好朋友。

做游戏时，小路里总和詹森在一起玩，他们堆积木，玩"司机和乘客"的游戏。詹森很照顾小他两岁的小路里。可小路里在游戏中，不是气呼呼地抢走詹森手里的东西，就是使劲地挤詹森，詹森无奈地让出了

"司机"的位置。突然，小路里朝詹森的胳膊咬了一口，詹森的胳膊出血了，他被送到了医护室，这下他真的生气了。回到家里，詹森生气地向爸爸表达了自己对小路里的不满情绪，发誓以后再也不理小路里了，因为"他实在太可恶了"。詹森的爸爸心疼地看着儿子受伤的手臂，没有说什么。

第二天，爸爸送詹森上学时，找到了班上的玛丽老师，他想请玛丽老师帮个忙。听完詹森爸爸说的话，玛丽老师大吃一惊。

午睡之后，玛丽老师向班里的小朋友宣布："一会儿，我们要去附近的动物园参观，但要留下两位小朋友看家，他们还要负责帮助老师给大家准备晚餐。"自然，小路里和詹森被留下了。

两个小家伙坐在门口换衣间的凳子上一言不发，谁也不理谁。一会儿该跟着老师去拿晚餐了。小路里开始穿鞋，可他怎么也穿不好，以前都是詹森帮他穿。他偷偷地用眼瞄了一下詹森，詹森故意把头扭过去不看他，但实际上他也在偷偷地观察小路里。他们俩就这样你看着我，我看着你，闷着不说话。过了一会儿，小路里还是没有将鞋穿好。詹森再也坐不住了，他慢慢地走过去，帮小路里将鞋穿好……

哲学智慧

这个故事不只是一堂教子课，也是很多成年人需要补的一堂人生课。詹森的爸爸用一场"静悄悄的革命"，帮助两个小伙伴认识到同伴、朋友的重要性，让孩子们在不知不觉中学习、体会珍爱朋友间的情感。

孩子还小，尚不懂得朋友、友谊对人生的意义，但大人可以运用一些策略，帮助孩子珍爱自己的玩伴和朋友，珍惜这份纯真的友谊。

告诉孩子，珍爱朋友不只是体现在口头上，还应体现在他们的行动中。孩子们通过自己的行动，会不知不觉地学会如何珍爱朋友。

朋友是人生的宝贵财富，有了朋友，一些在你看来难以解决的问题便会迎刃而解，这就是朋友的力量。

精彩故事 2

✳ 落难狐狸的遭遇

有只狐狸惊慌失措地跑进一个村落，喘得上气不接下气，四肢发软，狼狈万分。一只鹦鹉见了，便问道："狐狸先生，你这是怎么啦？"狐狸一脸惶恐地说："后……后面有一大群猎犬在追我！"

鹦鹉听了心急地大叫："哎呀，那你赶快到村口玛丽大婶家里躲一躲吧。

她人最好，一定会收留你的。"狐狸一听，说："玛丽大姐？不行，前两天我还偷了她的鸡，她不会收留我的。"

鹦鹉想了想，又说："没关系，史密斯大爷的家离这里也不远，你赶快跑到他那儿躲起来吧！"狐狸却说："史密斯大爷也不行，几天前我趁他不在家时，偷吃了他孙女养的金丝雀，他们一家正痛恨我呢！"

鹦鹉又说："那么，你去投靠杰弗逊大夫吧，他是这个村里唯一的医生，非常有爱心，一定不忍心看你被抓的。"狐狸尴尬地说："那个杰弗逊大夫呀，上次我到他家里，把他存的肉片吃得一干二净，还把他院子里种的郁金香给踩烂了……我没脸再去找他。"

鹦鹉无奈地问："难道这个村里就没有你可以投靠的人了吗？"狐狸回答："没有，我平时可没少害他们啊！"

鹦鹉摇摇头，说："唉，那么我也救不了你了。"

最后，这只平日里耀武扬威的狐狸，被猎犬抓住了。

 哲学智慧

这只狐狸的遭遇告诉我们一个道理：如果平时不知对人好，那么到需要帮助时便没人帮。故事中的狐狸，正是平时不注意与别人的友好关系，而使人们都痛恨和唾弃它，结果在危难时，便绝了自己的生路。其实，没有人会一生一帆风顺，没有人会永远高枕无忧。当一个人受到挫折和伤害时，有没有愿意帮助自己的朋友，完全要看自己平时的所作所为。

你平时怎样待人，将决定你失意时别人怎样待你；你失意时别人怎样待你，也决定了你的失败究竟是一败涂地还是有惊无险。

第六章

常怀一颗感恩的心

只有常怀一颗感恩的心，才能体味到人生的幸福。没有感恩之心的人，永远不会懂得爱，也永远不会得到爱。让我们把感恩之情长存心中，感谢父母的养育之恩，感谢朋友的帮助之恩，感谢伙伴的合作之恩，感谢苍天给我们雨露，感谢大地给我们粮食。让感恩唤醒沉睡的心灵，让分享融化坚冰、凿穿顽石，让人性和良知实现真正的回归。

1. 滴水之恩当涌泉相报

忘恩负义原本就是卑鄙的一部分。

——[法]维克多·雨果

从"感恩"二字的构成来看,"咸、心"曰"感",无非是说大家都有心,都能够感受;"因、心"曰"恩",无非是说大家要用心去探寻、去感受、去感激自己的幸福之因,所以感恩也就是饮水思源。英国作家萨克雷说:"生活就是一面镜子。你笑,它也笑;你哭,它也哭。"你感恩生活,生活将赐予你灿烂的阳光;你不感恩,只知一味地怨天尤人,最终可能一无所有。成功时,感恩的理由固然能找到许多;失败时,不感恩的借口却只需一个。殊不知,失败或不幸时更应该感恩生活。

小时候听人讲,信仰基督教的人在吃饭之前都要祷告,感谢上帝。当时以及很长时间内都感到难以理解。但是,今天的想法发生了变化,觉得感恩非常重要,当然不一定都采取同一种形式。学会了感恩,我们才会把伸出自己援助的手视为一种乐趣和值得自己自豪的事;学会了感恩,我们才会懂得尊重他人,重新看待身边的每个人,尊重每一份平凡的劳动;学会了感恩,我们才会懂得珍惜友情,友情才不会飘然远去。

感恩让人的心灵变得柔软,变得透亮;感恩让人懂得报答,知道努力和更加努力,甚至能够帮助那些失去生活目标的人找到生活的意义;感恩让人的心怀更加宽广,让人更加容易宽容别人;感恩让人更加懂得别人的价值、自己的渺小,避免狂妄自大;感恩让人懂得谦虚,能够准确地自我定位。

精彩故事 1

❋ 好心的面包师

在一个小镇上,饥荒让所有贫困的家庭都面临着危机,因为对他们来说,最起码的温饱问题都难以解决。

　　小镇上最富有的人要数面包师卡尔了。他是个好心人,为了帮助人们渡过饥荒,他把小镇上最穷的20个孩子叫来,对他们说:"你们每一个人都可以从篮子里拿一块面包。以后你们每天都在这个时候来,我会一直为你们提供面包,直到你们平安地渡过饥荒。"

　　那些饥饿的孩子争先恐后地去抢篮子里的面包,有的为了能得到一块大一点的面包甚至大打出手。他们心里只想着要得到面包,当他们得到的时候,立刻狼吞虎咽地把面包吃完,甚至都没想到要感谢这个好心的面包师。

　　面包师注意到一个叫格雷奇的小女孩,她穿着破旧不堪的衣服,每次都在别人抢完以后,才到篮子里去拿最后的一小块面包。她总会记得亲吻面包师的手,感谢他为自己提供食物,然后拿着面包回家。

　　面包师想:"她一定是回家和自己的家人一起分享那一小块面包,多么懂事的孩子呀!"

　　第二天,那些孩子和昨天一样抢夺较大的面包,可怜的格雷奇最后只得到了昨天一半大小的面包,但她仍然很高兴。她亲吻了面包师的手后,拿着面包回家了。到家后,当她妈妈把面包掰开的时候,一个闪耀着光芒的金币从面包里掉了出来。妈妈惊呆了,对格雷奇说:"这肯定是面包师不小心掉进来的,赶快把它送回去吧。"

　　小女孩拿着金币来到了面包师家里,对他说:"先生,我想您一定是不小心把金币掉进了面包里,幸运的是它并没有丢,而是在我的面包里,现在我把它给您送回来了。"

　　面包师微笑着说:"不,孩子,我是故意把这个金币放进最小的面包里的。我并没有故意想要把它送给你,我希望最文雅的孩子能得到这个金币。是你选择了它,现在这个金币是你的了,算是对你的奖赏。希望你永远都能像现在这样知足、文雅地生活,用感恩的心去面对每一件事。回去告诉你的妈妈,这个金币是一个善良文雅的女孩应该得到的奖赏。"

哲学智慧

　　这个故事告诉我们,要想拥有幸福的生活,就要怀有一颗感恩的心。

　　有一颗感恩的心,才更懂得尊重生命、尊重劳动、尊重创造。

　　有一颗感恩的心,会让我们的社会多一些宽容与理解,少一些指责与推诿;多一些和谐与温暖,少一些争吵与冷漠;多一些真诚与团结,少一些欺瞒

与涣散。

感受和感激他人恩惠的能力,是个人维护自己的内心安宁感、提高自己的幸福充裕感所必不可少的心理能力。"滴水之恩当涌泉相报"的原意就是告诉人们要知恩图报。在一个文明的社会,知道感谢,怀有一颗感恩之心是很必要的,它可以使社会各成员、群体、阶层、集团相处得融洽、和谐,使人与人之间互相尊重、互相信任、互相帮助。

精彩故事 **2**

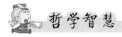

✳ 给母亲写感谢信

旅馆里有三个黑人孩子正坐在大堂的椅子上七嘴八舌地开着"会议",三个人的小脑袋几乎贴在了一块儿,孩子们的母亲此刻正在服务台办理住宿手续。

每个孩子手里都拿着笔和纸,在他们的旁边还放着几个信封。他们是要在这里写作业吗?还是……都不是!孩子们说他们是在给母亲写感谢信。

给母亲写感谢信?前所未闻!

原来,给母亲写感谢信,是孩子们的母亲给他们规定的每天必做的"功课",不规定内容,只要发自内心,随便他们写什么感谢内容。

老大写了八九行字,不过内容看上去却让人有些摸不着头脑,是夸奖天气与自然景色的。

老二写得稍少一些,是描写昨天吃的食物好极了。

最小的妹妹写得就更少了,甚至连整句的话都不会写,她在纸上写着:妈妈对我笑,我吃饱。

哲学智慧

多么可爱的三个孩子!多么有心的一位母亲!实际上,我们身边的每一位母亲,也都在为自己的儿女付出。但是,长大后的我们可能并没有向父母去表示感恩,不懂得如何爱父母。

让孩子给父母写感谢信,并不是想让他们隆重地感谢父母为他们所做的伟大贡献,而是想让他们体味、感受自己得来的每一份幸福,都是父母给予的浓浓的、深深的爱,让他们学会感谢这份在孩子眼中"理所当然"的爱。也许,不少成年人小时候缺席了这门重要的人生课,现在趁父母健在,赶紧补习一下并拿出实际行动来回报父母,应当还来得及。

精彩故事 3

❈ 两个沙漠旅者

　　穿行在沙漠中的两个人是一对好朋友。途中,两人发生了激烈争执,其中一个人打了另外一个人一记响亮的耳光。被打耳光的这个人什么话也没有说,只是在沙子上写上"今天,我最好的朋友在我的脸上打了一耳光"。他们继续行走,终于发现了一片绿洲,两个人迫不及待地跳进水中洗澡。很不幸,被打耳光的那个人深陷泥潭,眼看就要被溺死。他的朋友舍命相救,使之脱险。被救活的人什么话也没说,只是在石头上写上"今天,我最好的朋友救了我的命"。

　　打人和救人的这个人问:"我打你的时候,你记在沙子上;我救你的时候,你记在石头上,为什么?"答:"当你有负于我的时候,我把它记在沙子上,风一吹,什么都没有了;当你有恩于我的时候,我把它记在石头上,什么时候都不会忘记。"

哲学智慧

　　感恩不只是对父母,对家人,还包括所有曾帮助过自己的人。这则阿拉伯寓言故事告诉我们:把感恩刻在石头上,深深地感谢帮助过你的人,永远铭记,这是人生应有的一种境界;把仇恨写在沙子上,淡淡地忘掉伤害过你的人,学会宽容,让所有的怨恨随着风吹一去不复返,这也是一种人生境界。想要收获生活的宁静与快乐,就让"沙子"随风而去,将"石头"留驻心中。因此,学会宽容和感恩是我们每个人要认真学习的课程。

2. 学会在感恩中成长

人要懂得感恩，一定要学会感恩。

——权振东

一位哲人曾说："对一件好事表示感谢，就像做一件好事一样伟大。"

时时怀着感恩的心，是一种宝贵的美德，更是一种基本的礼仪。知足的人是懂得感恩的。能对一花一草、一山一水都表示谢意的人，他的人生必定是富足而丰富的。

感恩，是幸福的起点，也是奋进的源泉。因为感恩，所以惜缘、惜福。不知感恩的人，总是认为自己的幸福都是应得的。不知饮水思源，又怎会珍惜眼前的一粥一饭？

时时怀着一颗感恩的心，最大的受益人不是别人，而是自己。

感恩是爱的根源，也是快乐的必要条件。拥有感恩之心的人，即使仰望星空也会有一种感动，也能体会到一种快乐。

感恩不是停滞不前，而是把所有的拥有看作一种鼓励，在深深的感激之中产生回报的积极行动。学会在感恩中成长吧，感激父母给了我们生命，感激国家给了我们和平，感激路人给了我们帮助，感激所有的曾给过我们帮助的人。

感恩是场及时的春雨，滋润我们的心灵；感恩是阵清爽的凉风，吹散我们的烦闷；感恩是束光明的曙光，照亮我们的心窗。

因为感恩，人生才有意义。因为感恩，世界才会和谐、美丽。在感恩中成长，让自己的心灵更加澄澈、透明！

精彩故事 ①

❋ 没有上锁的门

乡下小村庄的偏僻小屋里住着一对母女，母亲生怕遭窃，总是一到晚上

便在门把上连锁三道锁。女儿厌恶了像风景画般枯燥而一成不变的乡村生活,她向往都市,想去看看自己通过收音机所想象的那个华丽世界。某天清晨,女儿为了追求那虚幻的梦离开了母亲。她趁母亲睡觉时偷偷离家出走了。

"妈,你就当作没有我这个女儿吧。"可惜这个世界不如她想象的那样美丽动人,女儿在不知不觉中走向堕落之途,深陷无法自拔的泥淖中,这时她才领悟到自己的过错。

"妈!"十年后,已经长大成人的女儿拖着受伤的心灵与狼狈的身躯,回到了故乡。她回到家时已是深夜,微弱的灯光通过门缝渗透出来。她轻轻地敲了敲门,却突然有种不祥的预感。女儿扭开门把时吓了一跳。"好奇怪,母亲之前从来不曾忘记把门锁上的。"母亲瘦弱的身躯蜷曲在冰冷的地板上,以令人心疼的模样睡着了。

"妈……妈……"听到女儿的哭泣声,母亲睁开了眼睛,一语不发地搂住女儿疲惫的肩膀。在母亲怀里哭了很久之后,女儿突然好奇地问道:"妈,今天你怎么没有锁门,有人闯进来怎么办?"

母亲回答说:"不只是今天,我怕你晚上突然回来进不了家门,所以十年来从没锁过门。"

母亲十年如一日,等待着女儿回来,女儿房间里的摆设一如当年。这天晚上,母女俩恢复到十年前的样子,紧紧锁上房门睡着了。

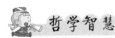 哲学智慧

家人的爱是希望的摇篮,感谢家的温暖,给予我们不断成长的动力。

家不但能让我们享受到人生的快乐,更可以给我们前行的勇气和力量。当阳光普照的时候,人们可以无忧无虑地走南闯北,为事业奔波,在商海里遨游,与朋友举杯畅饮。当我们在人生的航海中经受了狂风暴雨的吹打,家是我们停靠的宁静港湾。无论我们走多远,都不要忘记回家的路,都不要忘记常回家看看翘首企盼我们归家的父母。

精彩故事 **2**

✿ 一位"说谎"的大明星

美国著名记者威廉·比尔 10 岁那年成了孤儿。一天,靠卖报为生的比尔在电车站卖报,一个胖男子抢走了两份报纸,还戏弄比尔,随后扬长而去。这时,一辆马车停在比尔身边,车上一位眼里噙着泪花的女士冲着那男子远去的背影骂道:"这该死的灭绝人性的东西!"然后,她俯身对比尔说:"孩子,我都看见了,你在这儿等着,我一会儿就回来。"

比尔认出那位女士就是电影海报上的大明星梅·欧文小姐。10 分钟后,马车转回来了,梅·欧文招呼比尔上了车,然后对马车夫说:"马克,给这孩子讲讲你都干了些什么。""我一把揪住那家伙,"马克咬牙切齿地说,"左右开弓把他两眼揍了个乌青,又往他太阳穴补了一拳,报钱也追回来了。"说着,他把一枚硬币放在比尔的手中。"孩子,听我说,"梅·欧文对比尔说,"你不要因为这个坏蛋就把世人都看坏了。这世上坏蛋是不少,但大多数人都是好人——像你、我,我们都是好人,不是吗?"

多年后,长大成人的比尔回忆这段经历时说:"梅·欧文小姐是不可能追上电车的,但是她的话和车夫的虚构是安慰我弱小心灵的良药。靠着这些,我才没有沉沦,没有一味地把世界和自己一起恨死。"

 哲学智慧

每个人认识这个世界都需要一个过程,因为种种原因,每个人在一些特定环境或特定时期心灵是比较脆弱的。也许一道坎儿就能导致他们摔倒,一生很难再挺胸站起。救助他们往往只在瞬间,我们需要伸手去拉住他们,用最适合他们而非我们本意的那些方式,有时甚至需要让渡自己的幸福。

保护好一个人心中的唯一希望,为一个走投无路的人让出一条路,融化一个即将绝望的人的冰冷的心,将带给他们获得幸福的新生。罗曼·罗兰说:"灵魂的最美音乐是善良。"正所谓"善有善报,恶有恶报",针锋相对、互

相攻击并非拯救灵魂的好方法。给人一面镜子,就给了他洗心革面的机会;保住对方尚存的良心,就给他留出了一条生路。

精彩故事 **3**

❋ 帮助爱因斯坦的人

　　大名鼎鼎的爱因斯坦,在生活极度贫困的日子里,是靠同窗好友格罗斯曼的帮助,才得以顺利地发现了相对论。

　　1895 年,16 岁的爱因斯坦来到了瑞士,进入阿劳州立学校补习中学课程。1896 年,他考入苏黎世瑞士联邦工业大学师范系理论物理专业。在大学期间,爱因斯坦如饥似渴地学习,自学了许多学校课程外的学科。1900 年,他以优异的成绩拿到了毕业证书。

　　然而,毕业之后,爱因斯坦却找不到固定的工作。贫困饥饿驱使他整天为生活而奔波,他终身没有治愈的肝炎也是在这个时候患上的。

　　经济的拮据使得爱因斯坦不得不在电线杆上张贴广告,试图以讲授数学、物理和小提琴来赚钱糊口。他曾当过补习教师,也曾因老同学帮自己找到几个月的临时工作而喜出望外。

　　对于爱因斯坦的这段贫困日子,他的一位同学曾这样描述:"可怜的爱因斯坦啊,只差拿着小提琴挨家挨户地演奏乞讨了。"

　　但是,贫困并不能动摇爱因斯坦走科学研究道路的决心。他继续研究自己感兴趣的物理问题,构思他的学术论文。他说:"只要能找到一份固定的工作就好,即使工资少一点,也无所谓。那样,我就一定能把学术论文写出来。"

　　就在爱因斯坦山穷水尽的时候,大学时的同窗好友格罗斯曼帮助了他。格罗斯曼的父亲有位朋友是伯尔尼专利局的局长,经格罗斯曼父亲推荐,爱因斯坦在伯尔尼专利局谋到了一份技术员的固定工作。从 1902 年开始,爱因斯坦在专利局工作了 7 年。

　　这是爱因斯坦在业余时间努力探索并取得惊人的科学成就的时期。直到晚年,他依然深情地怀念他的老同学,感谢格罗斯曼在自己最困难时给予的帮助。

由于喜欢瑞士的环境,爱因斯坦加入了瑞士国籍。从此,他在科学领域里创造了一个又一个奇迹。

哲学智慧

爱因斯坦的成功,离不开同窗好友这样的"贵人"相助。在现实生活中,我们也的确需要真心朋友的帮助。

"独木难支大厦。"朋友在困难时是最需要你帮助他一把的,无论多少,能否起到作用,你的心和雪中送炭的鼓励,是助朋友成功的动力。

送人玫瑰,手留余香。帮助,是一种美德。生活中,有许许多多的人需要他人的帮助,正是有了人人献出的一点爱,我们的家园才会变得更加美好。不仅如此,帮助别人就是帮助自己,在帮助别人的过程中,自己种下了善因。

3. 学会感恩是幸福的起点

生活需要一颗感恩的心来创造,一颗感恩的心需要生活来滋养。

——王符

在生活中你是否有一颗感恩的心,能够体会到别人为你所做的一切,体会到别人为你付出的一颗爱心呢?很多人总是抱怨别人为自己做得不够多,希望从别人那儿得到更多,而别人为他所做的一切,他却视而不见、充耳不闻。拥有一颗感恩的心,你就会发现,原来我们的身边有这么多的人在为我们的幸福而付出。记住别人为我们所做的一切,并充满感激地去回报别人,你将会得到更多的爱。不要以为别人为你所做的一切都是理所应当的,别人没有这个义务,我们也没有不付出就得到回报的权利。

感恩是一种生活态度,是一种品德,也是一种处世哲学,是生活中的大智慧。懂得感恩的人,会更珍惜自己的生活,他的脸上会始终洋溢着甜蜜和喜悦,做一切事情都会开开心心,不会产生抱怨情绪。

生活中每个人都应该学会感恩。只有懂得感恩的人,才能保持快乐的心境。不懂得感恩的人,就不能真正懂得孝敬父母、理解和帮助他人,更不会主动帮助别人。感恩不仅是一种深刻的感受,而且能增强个人的魅力。时常怀有感恩之心,你会变得更谦和、更可敬、更高尚。

精彩故事 1

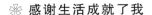

❀ 感谢生活成就了我

格林的父母离异了。家庭的变故使他变得郁郁寡欢,不但学习成绩下降,还动不动就对同学发脾气。也许是为了平衡自己内心的混乱,每天吃完晚饭他都一个人在操场上转圈,一圈又一圈。谁都知道他的痛苦,可是,就是没有人能够安慰他。就在这个时候,班里一个并不起眼的同学杰克出现在他的身边。于是,

在学校的操场上经常能够看到两个并肩而行的身影。就这样,又过了一段时间,格林完全从父母离婚的阴影中走了出来,又融入了温暖的大家庭。

在前不久的一次同学聚会上大家见到了杰克,当同学们提起这段往事的时候,杰克微笑着对大家说:"其实没什么神秘的,你们并不知道,我父母在我上中学的时候就离婚了。在那段痛苦的日子里,我发奋学习,结果考上了大学。回首那段生活,我发现自己成熟了、独立了、坚强了。我只不过是把自己的这段经历告诉了他而已。"

这样的答案让大家很吃惊,因为,整整四年,全班同学没有一个人知道杰克的身世,而且他还一直生活得那么快乐、豁达。当大家问他为什么能做到时,杰克说:"我们需要感谢生活吗?在生活中,很多人会自觉或不自觉地问起这个问题,尤其是当我们面对生活中的种种不如意的时候。我想,当好运来临的时候,我们都会感谢生活;而当生活不尽如人意的时候,我们大多数人会抱怨生活。但是,生活常常不会因我们的抱怨而变得美好起来,有的时候,还会因为我们的抱怨而变得更加糟糕。经历了不如意,我学会了感谢生活。因为,正是那段家庭的变故,才成就了今天的我。"

这个故事告诉人们，对生活怀有一颗感恩之心的人，即使遇上再大的灾难，也能熬过去。感恩者遇上祸，祸也能变成福，而那些常常抱怨生活的人，即使遇上了福，福也会变成祸。

一个常怀感恩之心生活的人，一定是个幸福的人。

感恩是爱的根源，也是快乐的必要条件。如果我们对生命中所拥有的一切能心存感激，便能体会到人生的快乐、人间的温暖以及人生的价值。班尼迪克特说："受人恩惠，不是美德，报恩才是。当人们积极地投入感恩的工作时，美德就产生了。"

精彩故事 2

❋ 终身不吃鳝鱼的誓言

中国古代，有一位名叫周豫的读书人。有个朋友送了些鳝鱼给他。刚巧这一天闲来无事，周豫一时技痒，便想亲自动手，试试自己久未展露的手艺，煮上一锅清炖鳝鱼汤来尝尝。

周豫将鱼放入锅中，只见那些鳝鱼仍自由自在地在锅里游着。在锅底下用小火缓缓加热，水温逐渐升高，鳝鱼在锅中丝毫未觉水温的变化，慢慢地就会被煮熟了，这就是周豫过人的厨艺所在。据说，用这种方式煮熟的鳝鱼，因为不会经历被杀的过程，没有挣扎，所以它的肉质就不会紧绷，相对地口感自然好上许多。

随着那一锅汤慢慢煮沸，周豫将锅盖掀起来看，却发现了一个奇特的现象。锅中有一条鳝鱼的身体竟然向上弓起，只留头部跟尾巴在煮沸的汤水之中。这条身体弓起的鳝鱼，整个腹部都向上弯了起来，露在沸汤之外，一直到死了，身体依然保持弯起的形状而不倒下。

周豫看到这种情形，心中感到十分好奇，便立刻将这条形状奇特的鳝鱼捞出汤中。他取了一把刀来，半鳝鱼弯起的腹部剖开来，想要看个清楚，它究竟是为何，需要如此辛苦地将腹部弯起。在剖开的鳝鱼腹中，周豫惊奇地

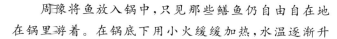

发现,那里面竟藏着满满的鱼卵,数目之多,难以计算。

原来这条母鳝鱼为了保护肚子里的众多鱼卵,情愿将自己的头尾浸入沸汤之中,直至死亡。护子心切而将腹部弯起,得以避开滚热的汤水。

周豫看到这一幕,呆呆地不知在原地站了多久,泪水禁不住地潸潸流个不停,寻思鳝鱼犹舍命护子,自己对母亲却仍于孝道有亏。周豫感慨之余,发誓终身不再吃鳝鱼,并对母亲加倍地尊敬与孝顺。

哲学智慧

母爱是人间第一情。母爱,如此厚重。因为不仅流淌着相同的血液,还传承着彼此心灵的默契。无论你是一个怎样的人,现在的处境如何,都永远不要漠视母亲,不要忽略母亲。漠视母亲,你就会成为一个怪物;忽略母亲,你将失去最宝贵的心灵财富。

鳝鱼尚且知道爱子,为了保护孩子,母鳝鱼宁愿弓腰忍受沸水的煎熬。人类更是如此,为了孩子,十月怀胎的痛苦,做母亲的从没有怨言。试问,我们有什么理由不孝敬、不回报、不感恩自己的母亲呢?

第七章

让利于人，克服自私心理

敬人者，人皆敬之；爱人者，人皆爱之。做大事、成大功的人，都是以心换心，才得到了无数人的支持，并依靠他人的力量，取得了事业上的成功。只要以一颗真诚的心去对待别人，就能够得到对方同样的回报，为自己增加一个可以同甘苦、谋事业的可靠伙伴。

这就像一位哲人说的那样，人生的每一次寸出，就像在山谷中喊话，你没有必要期望让谁听到，但那绵长悠远的回音，就是生活对你最好的回报。

1. 利人常常是利己的前奏

你要记住,永远要愉快地多给别人,少从别人那里拿取。

——[苏] 高尔基

古人云:"处世让一步为高,退步即进步的资本;待人宽一分是福,利人是利己的根基。"与人方便才能与己方便,给别人让路就是给自己留路,善待他人、关爱他人就是善待自己、关爱自己。

做对别人有利的事,首先我们能够得到精神上的愉悦。每个人可能都有过这样的体验:当某人有困难时,自己出手帮了他一把,我们在接受感谢和感受到自己力量的同时,也会由衷地感到一种从心底深处散发开来的快感。能够做些有利于别人的事,说明自己有力量、有能力,在有利于别人的过程中,这种力量和能力会被充分地释放展现出来,这不但会使我们的自信心增强,而且会为自己以后能得到别人的帮助打下基础。

大家也可能有过这样的经历,自己在做某件事时,由于一个环节没有打通,从而使自己身陷僵局,只得到处寻求帮助,最终在别人的帮助下取得成功,这时你可能更加深刻地体会到帮助是多么重要。如果在这个过程中,你寻求的是你曾经帮助过的人,这次他一定会尽力帮你渡过难关。如果是曾经需要你帮助而你没有去帮助的人,这次恐怕你也会得到同样的结果——他也不会帮助你。因此,从某种意义上来讲,帮人就是在帮自己。如果你帮助其他人获得他们需要的东西,你也会因此而得到自己想要的东西。你帮助的人越多,你得到的也越多。

精彩故事 1

❋ 邻居的花圃

一个精明的荷兰花草商,千里迢迢从非洲引进了一种名贵的花卉,培育在自己的花圃里,准备到时候卖个好价钱。

商人对这种名贵花卉爱护备至，许多亲朋好友向他索要，一向慷慨大方的他竟连一粒种子也不肯给。他计划繁育三年，等拥有上万株后再开始出售和馈赠。

到了第三年的春天，他那名贵的花卉已经繁育出了上万株。然而，令这位商人沮丧的是，这些花的花朵已经变得很小，花色也比刚引进的时候差多了，完全没有了它在非洲的那种雍容华贵和鲜艳。

他知道，这样下去是不可能靠这些花赚到钱的。难道是这些花退化了吗？可是非洲人年年种植这种花，而且面积大，年复一年地培育，并没有见过这种花会退化呀。

商人百思不得其解，便去请教一位植物学家。

植物学家来到他的花圃看了看，问道："你这花圃隔壁是什么？"

商人回答："隔壁是别人的花圃。"

植物学家又问道："他们种植的也是这种花吗？"

他摇摇头说："这种花在荷兰甚至整个欧洲只有我一个人种植。他们的花圃里都是些郁金香、玫瑰、金盏菊之类的普通花卉。"

植物学家沉吟了许久说："我知道你这种名贵之花风光不再的秘密了。尽管你的花圃里种满了这种名贵之花，但毗邻的花圃却种植着其他花卉。你的这种名贵之花被风传授了花粉后，又染上了毗邻花圃里的其他品种的花粉，所以它就一年不如一年，越来越不雍容华贵了。"

商人问植物学家："那该怎么办呢？"植物学家说："谁能够阻挡风传授花粉呢？要想使你的名贵之花不失本色，只有一种方法，那就是让你邻居的花圃里也种上这种花。"于是，商人把自己的花种分给了邻居。次年春暖花开的时候，商人和邻居的花圃几乎成了这种名贵之花的海洋。花朵又肥又大，花色典雅，朵朵流光溢彩，雍容华贵。这些花一上市便被抢购一空。几年后，商人和他的邻居都发了大财。

哲学智慧

商人与邻居共同享受花朵的美丽、共同享受发财的利益正表明：有利于他人，最后才能有利于自己。

人与人之间的交往实际上是一种互利互惠的关系。你有利于别人，别人也会有利于你。为人处世之道，凡遇事时都要有利于人，才算是高明之道，因为有利于人就等于是为以后别人有利于自己留下了余地。我们应以宽厚的态度待人，因为给人家方便，同时也是日后为自己之方便打下了基础，即帮助了别人，其实就是帮助了自己。这次你帮助了别人，下次你遇到困难时，别人也会来帮助你，这也就等于

自己帮助了自己。因此，我们提倡"助人为乐，帮人其实是帮己"的处世之道。

精彩故事 2

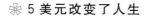

❋ 5 美元改变了人生

乔伊斯在美国的律师事务所刚开业时，连一台复印机都买不起。移民潮一浪接一浪地涌进美国时，他接了许多移民的案子，常常深更半夜被唤到移民局的拘留所领人。为此，他常开着一辆破旧的车在小镇间奔波。

多年的媳妇终于熬成了婆，律师事务所的电话线换成了四条，扩大了业务，处处受到礼遇。天有不测风云，乔伊斯将资产投资股票，结果几乎亏尽。更不巧的是，岁末年初，移民法再次修改，职业移民名额削减。律师事务所顿时门庭冷落，几乎要关门大吉。

正在此时，乔伊斯收到了一家公司总裁写来的信，信中说道，他愿意将公司 30％的股权转让给乔伊斯，并聘他为公司和其他两家分公司的终身法人代表。

乔伊斯简直不敢相信这是真的，于是他就找上门去。"还记得我吗？"总裁是个年纪四十开外的波兰裔中年人。乔伊斯摇摇头，总裁微微一笑，从硕大的办公桌的抽屉里拿出一张皱巴巴的 5 美元汇票，上面夹着名片，印着乔伊斯律师的地址、电话。对于这件事，乔伊斯实在想不起来了。

"10 年前，在移民局，"总裁开口了，"我在排队办理工卡，人非常多，我们在那里拥挤和争吵。排到我时，移民局已经快关门了。当时，我不知道工卡的申请费用涨了 5 美元，移民局不收个人支票，我身上正好一美元都没有了。如果我再拿不到工卡，雇主就会另雇他人了。这时，老天帮我忙，你从身后递了 5 美元上来，我要你留下地址，好把钱还给你，你就给了我这张名片。"

乔伊斯也渐渐地回忆起来了,但是仍将信将疑地问道:"后来呢?"总裁继续说道:"后来我就在这家公司工作,很快我就发明了两个专利。我到公司上班后的第一天就想把这张汇票寄出,但是一直没有。我单枪匹马来到美国闯天下,经历了许多冷遇和磨难。这5美元改变了我对人生的态度,所以,我不能随随便便就寄出这张汇票……"

哲学智慧

爱出者爱返,福往者福来。多年前的小小善举终于获得了善果,仅仅5美元便改变了两个人的命运。给人帮助是可以创造奇迹的。当别人失利受挫或面临困境时,你及时地伸出援助之手,你的帮助无疑成了最有价值的东西,这种雪中送炭般的帮助会让原本无助的人记忆一生。

种豆得豆,种瓜得瓜。种下善良,你就能得到善良的回报。给别人帮助,在你困难的时候别人也会伸出援助之手给你。

精彩故事 3

❀ 心地善良的老板娘

作家马尔克斯年轻时供职于波哥大的《观察家报》报社。1955年,他因揭露海军走私而引火烧身,以至于不得不狼狈逃窜到巴黎。

他穷困落魄,举目无亲。多年以后,他是这样回忆的:没有工作,一人不识,一文不名,更糟的是不懂法语,所以只好待在弗兰德旅馆的一个不是房间的房间里干着急。肚子饿得实在挨不过去了,就出去捡一些空酒瓶或旧报纸,以换取少量的面包。这样的生活他品尝了整整两年。他在痛苦的期待和期待的痛苦中奇迹般地活了下来。

过后他才知道,许多拉丁美洲流亡者都有过类似的乞丐经历。他和他的同伴不谋而合,都发现了这么一个秘密:骨头可以熬汤!买一块牛排搭一大块骨头;牛排吃了,骨头不知要熬多少锅汤。即便如此,他还是诅咒过那些肉铺。在他看来,所有开肉铺、开面包店或旅馆的人,都是可恶的小人。

马尔克斯实在穷得可怕，仿佛下辈子也还不清长期拖欠的房租。弗兰德旅馆的老板拉克鲁瓦夫妇也许是自认倒霉或该当如此，不但不催不逼，最后似乎还不得不由马尔克斯徒托空言，一走了之。后来，马尔克斯时来运转，竟无可阻挡地发达起来。1967 年,《百年孤独》一书的出版更使他名满天下。

一天，春风得意、身处巴黎某五星级饭店的马尔克斯忽然想起了拉克鲁瓦夫妇。于是他悄悄来到拉丁区，寻找弗兰德旅馆。旅馆依然如故，只是物是人非，他再也见不到拉克鲁瓦先生了。好在老板娘健在，她一脸茫然，根本无法将眼前这位西装革履、彬彬有礼的绅士同十多年前的那个流浪汉联系在一起。马尔克斯拿出一大笔钱，为了让老板娘相信眼前的和过去的事实并收下自己当年未交的那笔欠款，马尔克斯煞费了一番苦心。

再后来，马尔克斯获得了诺贝尔文学奖。拉克鲁瓦太太得知这一消息后惊喜万分。她在《世界报》上刊登了一则寻人启事，诚挚地表示要把那一笔钱归还给马尔克斯，也算是他们夫妇对世界文学的一点贡献。马尔克斯为此又专程前往巴黎看望她老人家，而且陪同他前去的是拉克鲁瓦夫妇年轻时的偶像——世界影坛巨星嘉宝。

马尔克斯诚恳地告诉拉克鲁瓦太太，她的贡献在于她的善良，她没让一个可怜的文学青年流落街头。他还说，正是老板娘夫妻俩的善举才使自己相信：巴黎还有好人，世界还有好人。

 哲学智慧

赠人玫瑰，手有余香。在帮助他人的同时，自己也得到了帮助。有时，这种帮助可能不会如期而至，或是显得微乎其微，但总体来说对我们自身还是有益的。何况，举手之劳的事我们何乐而不为呢？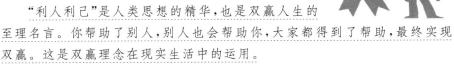

"利人利己"是人类思想的精华，也是双赢人生的至理名言。你帮助了别人，别人也会帮助你，大家都得到了帮助，最终实现双赢。这是双赢理念在现实生活中的运用。

俗话说，授之以桃，还之以李。有时无意中帮助别人，可以获得意外的收获。所以当别人有难的时候，你千万不要吝啬于伸出你的援助之手。

2. 让利于人才能共享双赢

最好的满足就是给别人以满足。

——[法] 拉布吕耶尔

利益不可独占,给人利益才能有己之利,方便他人就是帮助自己。一个乐于吃亏、让利他人、能为他人着想的人,要比斤斤计较、寸利必争、处处为自己着想的人获利更多。授之以桃,还之以李,同舟共济,互利互存,才能实现双赢共生。学会让利他人,就等于给自己的人生插上了一对腾飞的翅膀,能够让自己在广阔的天空越飞越高。

从满足别人的需要出发的道理应该是很容易理解的。如果你生产经营某种商品,而这种商品为大众所需要,你的生意就会红红火火;如果你的商品对大家来说毫无用处,那么,被消费者抛弃的就不仅是商品,还有商家自己。不为大家所需要的必是社会的垃圾。

西方有一句名言:"只要能让别人美梦成真,就能让自己心想事成。"

做任何事情一定要满足别人的要求,一定要先给别人最大的利益。

先让别人成功,自己才会成功。永远要思考别人要的是什么,力争使自己成为别人需要的人。只要你不断地付出,一定会得到回报。

精彩故事 1

✳ 听从忠告的卡尔

　　一位名叫卡尔的卖砖商人,由于一位对手的竞争而陷入困境之中。对方在他的经销区域内定期造访建筑师与承包商,告诉他们:卡尔的公司不可靠,他的砖块不好,生意也面临即将歇业的境地。卡尔对别人解释说他并不认为对手会严重伤害到他的生意。但是这件麻烦事使他心中生出无名之火,真想用一块砖来敲碎那人肥胖的脑袋。

"有一个星期天早晨，"卡尔说，"牧师讲道的主题是，给别人留路，其实就是给自己留路。我把每一个字都记在心里。就在上个星期五，我的竞争者使我失去了一份25万块砖的订单。但是，牧师却教我要以德报怨，化敌为友，而且他举了很多例子来证明他的理论。当天下午，我在安排下周日程表时，发现住在弗吉尼亚州的一位我的顾客，正因为盖一间办公大楼需要一批砖，但所指定的砖的型号不是我们公司制造供应的，却与我竞争对手出售的产品很类似。同时，我也确定那位满嘴胡言的竞争者完全不知道有这笔生意。"

这使卡尔感到为难。是遵从牧师的忠告，告诉对手这笔生意，还是按自己的意思去做，让对方永远也得不到这笔生意？到底该怎样做呢？卡尔的内心斗争了一段时间，牧师的忠告一直萦绕在他心田。最后，也许是因为很想证明牧师是错的，他拿起电话拨到竞争对手家里。

接电话的正是那个对手本人，当时他拿着电话，难堪得一句话也说不出来。卡尔还是礼貌地直接告诉他有关弗吉尼亚州的那笔生意。结果，那个对手很感激卡尔。卡尔说："我得到了惊人的结果，他不但停止散布有关我的谣言，而且甚至还把他无法处理的一些生意转给我做。"卡尔的心里比以前感到好多了，他与对手之间的嫌隙也获得了弥合。

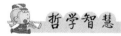

以德报怨，化敌为友，必要时为他人留一条路，这对于自己以后的人生有很大的帮助。

满足别人的需要，就会使自己成为一个被别人需要的人。我们在这个社会之中，若想获得成功，不能仅从自己的利益出发，而要从满足别人甚至更多人的需要出发，这样自己就有了用武之地。自己的价值发挥出来，成功也就离我们不远了。

从满足需要出发可以帮助我们调整目标，并能发展我们的目标。

精彩故事 ②

❋ 不听劝告的沙漠僧人

在一片茫茫沙漠的两边，有两个村庄。到达对方村庄，如果绕过沙漠

走,至少需要马不停蹄地走上 20 多天;如果横穿沙漠,则估计只需要 3 天。但横穿沙漠实在太危险了,许多人试图横穿沙漠,结果无一生还。

有一天,一位智者经过沙漠边上的一个村庄。他让村里人找来了几万株胡杨树苗,每隔半里栽一棵,从这个村庄一直栽到沙漠那端的村庄。智者告诉大家:"如果这些胡杨有幸成活了,那么你们可以沿着胡杨树来来往往;如果没有成活,那么每一个走路的人经过时,要将枯树苗拔一拔,插一插,以免被流沙淹没了。"

这些胡杨树苗栽进沙漠后,很快就全部被烈日烤死了,成了路标。沿着路标的这条路被大家平平安安地走了几十年。

一年夏天,村里来了一个僧人,他坚持要一个人到对面的村庄去化缘。大家告诉他:"你经过沙漠之路的时候,遇到要倒的路标一定要向下再插深一些,遇到要被淹没的路标一定要将它向上拔一拔。"

僧人点头答应了,然后就带了一皮袋的水和一些干粮上路了。他走啊走啊,走得两腿酸累,浑身乏力,两双草鞋很快就被磨穿了,但眼前依旧是黄沙茫茫。遇到一些就要被尘沙彻底淹没的路标时,这个僧人想:"反正我就走这一次,淹没就淹没吧。"他没有伸出手将这些路标向上拔一拔。遇到一些被风暴卷得摇摇欲倒的路标时,这个僧人也没有伸出手将这些路标向下插一插。

但就在僧人走到沙漠深处时,寂静的沙漠突然飞沙走石,许多路标被淹没在厚厚的流沙里,还有许多路标被风暴卷走了,没有了踪影。

这个僧人像没头的苍蝇似的东奔西走,再也走不出这片沙漠了。在奄奄一息的那一刻,僧人十分懊悔:如果自己能按照大家叮嘱的那样做,那么即便没有了进路,还可以拥有一条平平安安的退路啊!

哲学智慧

僧人的遭遇告诉我们,给别人留路,其实就是给自己留路。

俗话说,风水轮流转。在自己拥有优势的时候给别人方便,那么在你失意的时候,别人也会给你帮助。

精彩故事 3

✳ 聪明的老板

1933 年，经济危机笼罩着整个美国，大小企业纷纷破产，有些尚存的企业也是如履薄冰，小心翼翼。就在这种危机重重的时刻，哈里逊纺织公司发生了一起大火灾，整个工厂变为一片废墟。3 000 多名员工回到家里，悲观地等待着老板宣布破产和失业风暴的来临。

在漫长的等待中，老板的第一封信到了。信件没提任何条件，只通知每月发薪水的那天，员工可以照常去公司领取这个月的薪金。

在整个美国经济一片萧条的时候，能有这样的消息传来，员工们大感意外，他们纷纷写信或打电话向老板表示感谢。老板亚伦·傅斯告诉他们，公司虽然损失惨重，但员工们更苦，没有工资他们无法生活，所以，只要他能弄到一分钱，就要发给员工。

3 000 多名员工一个月的薪水该是多么大的一笔款项呀！纺织公司已经变成一片废墟，别说是处在经济萧条时期，就是在经济上升时期也很难恢复元气。既然恢复无望，亚伦·傅斯还要掏自己的腰包给已经没有工作的工人发工资，那不是愚蠢的行为吗？当时，曾有人劝傅斯："你既不是慈善机构，也不是福利机构。这时候，你不赶紧一走了之，却还犯傻给工人发工资，真是疯了。"

一个月后，正当员工们为下个月的生计犯愁时，他们又收到老板的第二封信，信上说再支付员工一个月的薪水。

员工们接到信后，不再是意外和惊喜，而是感动得热泪盈眶。在失业席卷全国，人人生计无着，上着班都拿不到工资的时候，能得到如此的照顾，谁能不感念老板的仁慈与善良呢？

第二天，员工们陆陆续续走进公司，自发地清理废墟，擦洗机器，还有一些员工主动去南方联系中断的货源，寻找好的合作伙伴。

三个月后，哈里逊纺织公司重新运转了起来，这简直就是一个奇迹。这个奇迹是由员工们使出浑身解数，恨不得每天 24 小时全用在工作上，日夜不停地奋斗创造出来的。

就这样,亚伦·傅斯月他的吃亏策略和奉献精神,使自己的事业起死回生,然后又蒸蒸日上。现在,这个公司已经成为美国最大的纺织公司,分公司遍布五大洲 60 多个国家。

哲学智慧

如果你播种奉献的种子,予人以所能给予的,那么奉献之果必会循环回报给你。奉献在你与他人之间不停地循环运转,使所有人都能得到你的"亏"的实惠。而且,你奉献的越多,导到的就越多,它能使你的财富增值。

凡是真正的成功者,都是乐于奉献的人。"钢铁大王"卡内基,把自己一生的资产都捐给了图书馆;"石油大王"洛克菲勒,把赚到的钱通过设立基金和建大学的形式都散了出去;著名企业家福特,怀着要让普通大众都开上汽车的精神,终于让汽车开进了美国普通家庭。还有香港著名企业家李嘉诚,十几年来他几乎每年都向内地捐助 1 亿港元以上的资金,帮助祖国兴办公益事业。

奉献者所做的一切,终将会有所回报。奉献是成功的翅膀,让成功者在理想的天空越飞越高。

3. 克服自私,不可因私欲害人

> 自私自利之心,是立人达人之障。
>
> ——[明]吕坤

没有私欲是不正常的,每个人都希望发展自己,实现自己的追求。但是有私欲而无度则不可取。不损人利己,不损公肥私,这是最基本、最道德的私欲标准。

在社会生活中,我们有机会看到一些不完美、不公正的现象,这些现象有可能与我们头脑中对社会的期望正好相反。中学生往往比较天真,相信社会是完美的、公正的,人与人之间是友善的、互帮互助的。当这种良好的极端思维遇到相反的现象时，他们就会从这个极端跳到另一个极端，认为人都是自私的。

每个人都是自私的，但自私并不都那么可怕，可怕的是私欲太盛，利令智昏。比如时时处处以自己为中心，以损公肥私和损人利己为乐事，一切围着自己想问题，一切围着自己办事情，在满足一己之私的过程中，不惜损害公共利益，不惜妨害他人利益。这样的人谁不怕？怕的时间长了，也就如同瘟疫一样，人们避之唯恐不及；怕的人多了，也就如同过街老鼠一样，人人见之喊打。这样的人即便是比别人多捞取了一些利益，也不会获得真正意义上的幸福。如果说，他们也侈谈什么成功，充其量不过是鸡鸣狗盗的成功，没有任何值得骄傲和自豪的。所以说，为人处世，对于自己的欲望要做到适度，切不可为一时之私而影响一生。

精彩故事 ❶

❋ 小松鼠的苹果

某天下午，小松鼠在森林里发现了一个大苹果。这个苹果又大又香，小松鼠从来没有见过，相信在整个森林里面，也很难找到这样好吃的苹果。

小松鼠正在欣赏这个大苹果的时候，他的好朋友小白兔刚好经过，看到了这个苹果。小白兔很想尝尝这个苹果，并建议大家一同分享。小松鼠却很自私地说："这个又香又甜的大苹果，连我自己都不舍得吃，怎么可以分给你吃呢？而且，我们也不算是很好的朋友吧！"

小白兔听了这番话，伤心地离开了。由于苹果太香的关系，小猴子、小猪、小象和小花猫等也来到小松鼠的跟前，希望可以与他分享苹果。他们甚至拿出了自己最心爱的东西与他交换，可惜全被小松鼠拒绝了。最后小松鼠觉得大家太烦，便跑到很远的山洞里，准备避开其他朋友，独自把苹果吃掉。

当小松鼠咬第一口时，觉得这个苹果的味道实在太香了，便忍不住一口接一口，不停地吃这个美味芬芳的苹果。可是这个苹果实在太大了，当小松鼠吃到一半的时候，肚子已经胀得像个皮球，实在吃不掉剩下的那一半了。但小松鼠却对自己说："这么辛苦才能独自享受的苹果，无论怎样也要把它吃完,不能分给其他的朋友!"

于是小松鼠继续努力,一口一口地咬着苹果,一个多小时后,苹果终于吃完了。可是因为吃得太饱,小松鼠的肚子开始疼起来,最后连路都走不了,只能在山洞里痛苦地呻吟。远处的小白兔听到小松鼠的叫声,在山里四处寻找,用了整整一个晚上,才把昏倒在山洞里的小松鼠救回家。

小松鼠苏醒以后,得知是小白兔救了自己,便很感激地说:"谢谢你救了我!可是我这么自私,你为什么还要救我呢?"小白兔微笑着说:"因为我们是好朋友!"

 哲学智慧

善于与人共享是一种美德。一个人不应过于自私,过于自私不仅会对他人造成伤害,而且对自己也没有好处。因此,在生活中,有什么好东西,要善于与朋友共享。这就是上面这则寓言故事要告诉我们的道理。

精彩故事 2

✳ 商纣王的可悲下场

商纣王可谓是有名的暴君,他在统治时期残害过无数忠臣,因而最终落了个自焚的可悲下场。

纣王既宠幸妖媚的妲己,又爱听谗言,而对于忠贞正直的臣子们的谏诤,却深恶痛绝,甚至视之如仇。为了威慑臣下,纣王采用了许多酷刑。当时三公中的九侯有个女儿,因对纣王的荒淫无道表示不满而被杀。纣王觉得不解恨,又把九侯杀死,而且惨无人道地把尸体剁成肉泥,这就是历史上惨绝人寰的"醢刑"。三公中的鄂侯知道后,挺身冒死进谏,结果被纣王碎尸切皮,晒成肉干,名曰"脯刑"。

西伯昌对纣王的倒行逆施既感愤恨,又担心自己也会灾祸临头,终日不安。果然,纣王的亲信崇侯虎有所觉察,便向纣王告密说,西伯昌心怀不满。纣王一怒,立即把西伯昌抓了起来,以防他乱说乱动。更残酷的是,纣王又把西伯昌的儿子伯邑考抓到朝廷,作为人质。后又将其杀死,用他的尸身做成肉羹，强令西伯昌喝下。纣王还幸灾乐祸，血口诋毁："看还有谁说他是圣贤，竟食亲子！"

纣王为了杜绝进谏，镇压不满，又独创"炮烙"酷刑。他先在粗铜柱上涂油，再在下面燃起炭火。然后把他认为有罪的人抓来，放到又滑又热的铜柱上让其赤脚行走或跪爬，这些人自然就会掉下去烧死。纣王和妲己则坐在高台上取乐。

纣王的叔父比干，忠贞正直，多次进谏无效，最后表示，宁可以死相谏，也要劝诫纣王弃邪归正。他上朝对纣王进言："现在天下怨声载道，危机四伏。你不思改过，反而用酷刑乱杀无辜，用酒池肉林浪费黎民血汗，一旦国亡，如何对得起祖宗？"

纣王一听，大加怒斥："天下归我，你休提乱言，快快出去！"比干说："你不听忠言，我绝不退出！"纣王冷笑一声："你把我看成昏君，你成了圣人。听说圣人心有七窍，我倒要看看你的心是不是与人不同！"随即令人把比干抓起来，当场开膛剖腹，掏出他的心来。一代忠贤，就这样惨死在纣王的屠刀之下。

俎醢碎尸，炮烙剖心，商纣王之心可谓惨无人道，商纣王之毒可谓空前绝后。然而，物极必反，必将自食恶果。纣王的倒行逆施，引起天下黎庶群起而攻，朝中文武与他分道扬镳，商朝的统治土崩瓦解。周武王乘机起兵，一举灭商，纣王只落得自焚而死，这也正是他应得的下场。

哲学智慧

为人处世忠厚，可以使自己避免很多不必要的麻烦。如果心存害人之心必然结怨太深，树敌太多，往往会自食恶果，最终害了自己。因此，与人相处千万不可有害人之心，害人之心是一种害人害己的邪念。很多时候，有害人之心非但害不了别人，反而会害了自己。善良做人，踏实做事，这才是幸福的源泉。

第八章

互助合作——打开成功之门的钥匙

　　为了获得个人利益的实现，一味和竞争对手拼个你死我活而不计后果，是现代人生的一大忌讳。很多竞争本来没有那么激烈，却被双方的意气用事、毫不妥协所激化。我们应该在竞争中持友好合作态度，在维护共同利益和保证自己的最大利益的同时，达到双方互利共存。

　　我们可以自豪于自身的优势，但是不应恶意中伤对手，不应进行人身攻击，不应贬低对手、诽谤对手。因为那样做不是良性竞争，而是自甘堕落，其后果必然是两败俱伤。

1. 当代绝无成功的"独行侠"

　　单个的人是软弱无力的,就像漂流的鲁宾孙一样,只有同别人在一起,他才能完成许多事业。

——[德]亚瑟·叔本华

　　一个人生活在社会之中,没有完美,没有最佳,所以人需要合作。一棵树木再高大,也庇护不了整片土地。只有所有的树木都长成参天大树,才会为整个森林带来福祉。人生的成功者是那些善于互助合作的人,"独行侠"绝无成功的可能。

　　在现代社会生存,不管你愿意与否,都必须同人打交道。如今再没有人能够到森林、山洞去隐居,去忍受鲁宾孙式的孤独生活。为了让自己的努力换来更大的成功,我们离不开社会环境,离不开周围的人。

　　世上最富足的商人,不一定是工作最勤奋的商人;最受欢迎的教授,不一定是最有学问的教授;最招人喜欢的姑娘,不一定是最漂亮的姑娘……但所有这些人都有一个共同的特性——他们都具有互助合作的优良品质,都懂得如何友善和有效地为人处世。很多人之所以平庸,常常都可以归结为这方面的欠缺。

　　通过合作实现双赢才是真赢,它体现了一种公正的价值判断。这种公正性不仅表现在对别人利益的尊重上,也表现在对自身利益的取舍上。这是因为现代社会是一个共存共荣的社会,个人的生存和发展以牺牲他人的利益为代价的时代已不存在,取而代之的是必须赢得他人的帮助和合作才能发展和壮大自己。

精彩故事 ①

❋ 一座寺庙的兴衰启示录

　　三个和尚在破庙里相遇。"这座寺庙为什么荒废了?"不知是谁提出了

这个问题。

"必是和尚不虔,所以菩萨不灵。"甲和尚说。

"必是和尚不勤,所以庙产不修。"乙和尚说。

"必是和尚不敬,所以香客不多。"丙和尚说。

三人争执不下,最后决定留下来各尽所能,看看谁能成功。

于是甲和尚礼佛念经,乙和尚整理庙务,丙和尚化缘讲经。果然香火渐盛,原来的庙宇也恢复了旧观。

"都因我礼佛虔心,所以菩萨显灵。"甲和尚说。

"都因我勤加管理,所以庙务周全。"乙和尚说。

"都因我劝世奔走,所以香客众多。"丙和尚说。

三人日夜争执不休,庙里的盛况又逐渐消失了。各奔东西那天,他们总算得出一致的结论:这座寺庙的荒废,既非和尚不虔,也不是和尚不勤,更非和尚不敬,而是和尚不睦。

哲学智慧

当今社会的发展已经进入了合作双赢的时代,互惠互利的合作是现代人类和社会存在的基础和前提。双赢是人们生活的思想理念,合作是双赢理念下人们所选择的最佳行为,互惠互利则是双赢理念的外在动因。

三个和尚的成败说明:人们成就事业的最重要的因素是人心。在需要群策群力的事业中,如果大家众志成城,那么最后的胜利不过是水到渠成的事,即使遇到困难,也会依靠合作的力量创造出奇迹。

精彩故事 2

❀ 互助互利,合作双赢

阿曼是从以色列到美国来的阿曼家族的第一代。他在美国南方做了一段时间的行商之后,跟他的两个兄弟伊曼纽尔和迈耶一起在亚拉巴马的蒙哥利马定居下来,当上了杂货店的老板。该地本是一个产棉区,农民手里有的是棉花,但却没有现金去买日用杂货,于是阿曼就用杂货去交换棉花。结果,这种方式使双方都皆大欢喜,农民得到了需要的商品,阿曼也卖掉了杂货。

这种方式乍看上去与"现金第一"的经营原则不符,但这却是阿曼兄弟"一笔生意,两头赢利"的绝招。这种方式不仅吸引了所有没有钱买日用品的顾客,扩大了销售量,而且有利于阿曼兄弟降低棉花价格,提高日用品的价格,并且使杂货店在进货之际,顺便把棉花捎出去,避免了单程进货,从而省下不少运输费。

没过多久,阿曼兄弟便由杂货店小老板发展成经营大宗棉花生意的商人,棉花典当成了他们的主要业务。美国南北战争期间,阿曼兄弟在伦敦推销邦联的商务,在欧洲大陆推销棉花。战后,他们在纽约开办了一个事务所,并在纽约交易所取得了一个席位,成为一个"果菜、棉花、香料代理商",从此走上了规模化发展的道路。

 **哲学智慧**

人生犹如战场,但毕竟不是战场。战场上敌对双方不消灭对方就会被对方消灭,而人生赛场不一定如此。为什么非得来个鱼死网破,两败俱伤呢?不可否认,大自然中弱肉强食的现象较为普遍,这是出于它们生存的需要。但人类社会与动物世界不同,个人与个人之间、团体与个体之间的依存关系相当紧密,除了战争之外,任何"你死我活"或"你活我死"都是不利的。

精彩故事 3

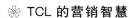 **※ TCL 的营销智慧**

合作在今天的商业领域已经是制胜的营销策略。TCL 和麦当劳,这两个彼此扯不上关系的企业,借世界杯之际,联手搞了一次双赢的合作。一时间传为佳话。

2002 年世界杯足球赛期间,国内著名家电厂商 TCL 的 500 台大屏幕彩电,在世界杯开始的前一周就陆续进驻世界著名快餐连锁企业麦当劳的店铺内。这种完全不同领域间大企业的合作,将世界杯前最后一周的体育营销热浪掀到了一个新的高度。

TCL和麦当劳同时宣布,在整个世界杯近40天的时间里,TCL与麦当劳共同演绎双赢的促销战略。TCL提供最新大屏幕彩电500台,摆放在中国的500家麦当劳餐厅内,为消费者转播世界杯精彩赛事。

中国大陆境内所有麦当劳餐厅内均同时开辟TCL麦当劳"世界杯看球俱乐部"专区。在世界杯期间,麦当劳餐厅内还举办了大型"世界杯竞猜有奖游戏",实力雄厚的TCL将提供包括TCL王牌彩电在内的所有奖品。另外,在全国范围内的TCL产品销售点,TCL同时派发麦当劳的10元优惠券。凭此优惠券,消费者可以到麦当劳餐厅进行消费。

这场著名的营销合作,使两家企业既赢得了顾客的口碑,又赢得了丰厚的营销收入。

哲学智慧

现代社会充满竞争,这种竞争是使社会走向进步的动力,而不是毁灭社会的武器。今天,所有竞争的结果不可能使一方成为自然和社会某一方面的统治者,更多的是消耗难以计算的人力和财力,最终谁也不可能成为赢家。

合作双赢不仅是一种现代理念,也是现代智慧的结晶。没有对自身条件的分析,没有对周围环境以及未来发展趋势的分析,就不能形成双赢理念。有了双赢理念,如果没有科学的方法、明智的行为、超常的胆略,也不能产生双赢的结果。

上述故事表明:只有利益共享,才能形成良好的合作;只有合作双赢,才能取得竞争的优势,从而使自己成功。

2. 争不如合,相互厮杀不如相互扶持

一致是强有力的,而纷争易于被征服。

——[古希腊]伊索

人人都梦想人生成功,但人人都应面对现实,正确地认识自我,并对取

得成功的条件做到心中有数,以便在人生道路上少走弯路。纵观所有成功的人生,可以明显地感到其中所包含的一条必胜条件,那就是善于合作。贪婪和自私无论在哪个时代、哪种人群中都没有半点生存空间。而真诚的合作则是人生中最高级的生命活动,是有效的成功方式。

成功的人生观,绝不是人格的裂变、亲情与友情的疏远,以及完全以自我为中心。因为这样只能给自己带来灾难性的后果。以合作为基础,以人与人之间的相互扶持、相互信任为成功的必备条件,才能绕开人生道路上的各种陷阱,才能最终到达成功的彼岸。

要知道,每个人都有自己的长处和优势,也有自己的短处和劣势,若能取长补短、互相学习,就能共同提高、共同进步,这就是合作的意义。

精彩故事 1

❋ 别人出色先要自踹一脚

有位记者曾经讲过自己的一段往事:

"有一次我去县城采访,顺便拜访了十几年前的老同学宏。言谈中她得知我现在会写文章,而且还能发表在国家大报刊上,其惊讶程度真不亚于哥伦布发现新大陆。因为我们一起上学时,年级的第一名、第二名经常是我俩轮流坐庄,但我的语文,尤其是作文成绩永远排在她后面,而且常常是文理不通、语言无味。但是,她不知道的是,当时要强的我眼红了,狠狠地踹了自己几脚,暗暗开始阅读大量名著,偷偷练习写作。没想到后来我竟偏爱上文学,干起了写作这一行当。我的进步可以说有她一半的功劳,感激她那时让我眼红,才使我走上了今天的人生道路。"

哲学智慧

一个人,看到别人比自己出色,要说不嫉妒、不眼红,那是假话。关键是眼红了以后怎么办。是踹自己一脚,还是踹别人一脚呢? 一个优秀的人眼红后会生气地踹自己一脚,多跑几步赶上前边那位。而一个心胸褊狭的人往往会用计踹前面那位一脚,让他受伤后

走不动,落在后面,然后再用恶言恶语来奚落他。

其实,要是想开了,何必把聪明才智用到想方设法踹别人一脚上呢?把那才智用到自己身上,嫉妒时踹自己一脚,发奋努力,赶上前面那位,也不是一件太困难的事。

精彩故事 ❷

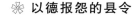

❄ 以德报怨的县令

梁国有个叫宋就的人,在一个边县当县令,这县和楚国交界。梁国的边亭和楚国的边亭都种瓜。梁亭的人勤劳,多次浇灌,瓜的长势很好。楚亭的人很懒惰,不常浇灌,瓜长得不好。楚令因梁瓜长得好,恼恨自己的瓜长得不好。楚亭人也恼恨梁亭人比自己强,因此夜间就偷偷地去毁坏梁亭的瓜,把瓜藤都给

糟蹋了。梁亭人发现后,就去请示他们的县尉,也想进行报复,偷偷地毁坏楚亭的瓜藤。县尉请示宋就,宋就说:"怎么可以这样干呢!和人结怨,是招祸的行径。人家对我们不好,我们对人家也不好,这是多么狭隘呢!你们若听我的教导,就每夜派人偷偷地去为楚亭浇瓜,不要让他们知道。"于是,梁亭人就星夜偷偷地去浇灌楚亭的瓜。楚亭的人早上到瓜地一看,都已浇过了,瓜的长势一天比一天好。楚亭的人觉得很奇怪,就注意观察,发现原来是梁亭人干的。楚国的县令听说了,非常高兴,就把这事报告楚王。楚王听说后,感到很惭愧,就用重礼对梁王表示感谢,并请交好。

哲学智慧

我们生活在社会群体中,人与人之间发生矛盾、产生误解是常有的事。关于如何处理好这方面的问题,我们的祖先留下了许多闪光的思想和可供借鉴的经验。明代朱袞在《观微子》中说过:"君子忍人所不能忍,容人所不能容,处人所不能处。"以宽厚的态度待人,并非软弱无能,而是自信的表现,是正义的行为。尤其是以德报怨的高风亮节,可以使人反躬自问,心悦诚服。

精彩故事 3

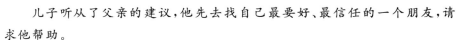

一百个朋友和半个朋友

一位积累了大量财富、事业十分成功的父亲身患重病，自知生命已临近终点。于是便把自己唯一的儿子叫到身边，问他：“孩子，告诉我，你有多少个朋友？”

“不下一百个。”他的儿子骄傲地回答说。

“无论何时，”父亲告诫他的儿子说，“不要轻易把别人当朋友，除非你能证明他的确是你的朋友。我的年纪比你大得多，可是回顾我这一生，却只找到了半个朋友。你说你自己有不下一百个朋友，是不是有点儿太轻率了？你应该去考验一下，看看他们当中是否有一个真朋友。”

“我怎样才能考验出来？”儿子问道。

父亲吩咐道：“你自己先躲起来，在一段时间内不要去见任何人，然后找一件破衣服穿上，到你的朋友那儿，对他说‘朋友，帮我一下吧，我求你了。我们全家刚遭遇不幸，我现在已是一无所有，能收留我吗？看在往日朋友的份上，你就救我一命吧’。”

儿子听从了父亲的建议，他先去找自己最要好、最信任的一个朋友，请求他帮助。

他的朋友回答道：“不行，我还有很重要的事要办，快到别的地方去吧，你自己的事别连累我们家。”

儿子又去见了第二个、第三个朋友，直到最后一个，每个人都不肯帮他这个忙。然后，他回来禀告父亲。

“这没有什么可奇怪的，”父亲安慰他道，“一个人成功时，他有很多朋友，但当他陷入困境时，他的朋友就会消失得像雾一样。所以，我的儿子，你再去找我的那位‘半个朋友’，听听他怎么回答你。”儿子去找父亲的那“半个朋友”，请求他帮助。那个朋友听他说完后连忙说：“快进屋来，别让别人看见你。”

朋友把妻儿都打发了出去。只剩下他们两个人时，他拿出几件衣服和一些钱，然后劝儿子别难过，给他点时间，他来好好想想办法。这时儿子才把实情说出来。

"我来只是为了证明您是我父亲的朋友,现在我明白了什么才是一个真正的朋友。"他大声说道。

朋友,会一生一世跟着你;朋友,会与你同喜同悲、同甘共苦。有了好朋友,我们的生命就会放出绚烂的光芒。

年轻时,我们常常会犯两个错误:不懂友谊的珍贵,不知谁是朋友。我们因此经常在无意中伤害了友谊,也经常在生活中选错了朋友。就像故事中的父亲,到了老年才知道,朋友不在数量多少,能在危难时真心帮助自己的人,才是真正的朋友。

你可以广交朋友,也不妨用心善待朋友,但绝不可以苛求朋友给你同样的回报。善待朋友是一件纯粹的、快乐的事,其意义也常在此。

3. 培养互助合作的美德

不管努力的目标是什么,不管干什么,单枪匹马总是没有力量的。

——[德] 歌德

帮助他人,就要用善良仁义之心待人,真心实意地去成全他人,帮助他人超过自己,甚至牺牲自己的利益。苏秦为了帮助张仪施展宏图,不是宁可被张仪误解自己、怨恨自己吗?欧阳修为了使苏轼大展其才,不是宁可自己退避让路吗?古往今来,中华大地不知出现过多少成人之美的仁义之举,这显示了中华民族优秀的道德风范。

帮助他人,就要主动热情地关心他人。一般说来,每一个人的成功,都需要别人的扶助。只要是好事情、好愿望,你伸出热情之手主动予以帮助,使之功成事就,这便是成人之美的君子风范,也是助人为乐、利人利众的高尚行为。社会是一个由人组成的群体,个人是群体中的一分子。大家互相提携帮助、团结合作,社会才能前进。如果助人为乐、成人之美蔚然成风,社会就会变得更加美好。成人之美的人，是有益于国家、有益于社会、有益于人民的人，他们理所当然地受到了人们的褒扬与爱戴。

精彩故事 ①

❀ 奇怪的珠宝商

　　从前有一位珠宝商，因为买卖公平而远近扬名。各地的商人都乐意与他合作。

　　一天，一位犹太老人来找他买一些宝石，打算将宝石作为职位最高的教士衣袍上的装饰。

　　他列出了想要购买的宝石名称，并提出了一个公道的价格。可珠宝商却说现在不能给他拿出宝石，请他等些时候再来。

　　这位老人可不想拖延时间，他以为是珠宝商嫌价格太低，于是又给出双倍的价钱，后来更增至3倍，可这个珠宝商仍是那样要求。这位老人只有愤怒地离开了。

　　但很快，珠宝商又反过来找这位老人，并把他所要的宝石拿了出来。老人十分满意，于是给他最高价。可珠宝商却说："我只要你最早提出的那个公平的价格。"

　　老人感到非常奇怪："为什么你一开始不愿意做这笔生意呢？"

　　"因为那时候，"珠宝商回答，"我父亲在睡觉。他手里拿着开启宝石箱的钥匙，而我要从箱中拿宝石的话，就必须叫醒他。"

　　"他的年龄很大了，多睡一个小时对他身体是有好处的，因此就算把全世界的财富都给我，我也得首先想一想我的父亲，无论如何也不能扰乱他的休息。"

　　老人听了十分感动，赞赏地拍着珠宝商的肩说："我终于明白了为什么很多人从很远的地方过来与你合作。公平守信而且孝敬父母就是你的优势。我想告诉你，你现在爱你的父母，以后你的儿女也会一样地爱你。真主保佑有德行的人。"

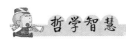

　　每一个事业有成的人，在成功的路上，都曾经受到过别人的帮助。因此

我们应该帮助别人，以此作为回报。

帮助别人成功，是追求个人成功最保险的方式。每个人都有能力帮助别人，一个能够为别人付出时间和心力的人，才是真正富足的人。

世上仅存的植物当中，最雄伟的当属美国加州的红杉。红杉的高度大约是 90 米，相当于 30 层楼以上的高度。

科学家深入地研究红杉后，发现了许多奇特的现象。一般来说，越高大的植物，它的根理应扎得越深。但科学家发现，红杉的根只是浅浅地浮在地面而已。研究发现，红杉的生长，必定是一大片的红杉林，没有独立壮大的红杉。这一大片红杉彼此的根紧密相连，一株接着一株，结成一大片。自然界中再大的飓风，也无法撼动几千株根部紧密联结、占地超过上千公顷的红杉林。除非飓风强到足以将整块地掀起，否则再也没有任何自然力量可以动摇红杉分毫。

大自然在世界各地为人们留下成功的启示，只看我们是否能拥有细心的智慧去体会与领悟。

精彩故事 ②

※ **敢于负责的助人护士**

在火车上，一位孕妇即将临盆，列车员广播通知，紧急寻找妇产科医生。这时，一位女士站了出来，说自己是妇产科医生。女列车长赶紧将她带进用床单隔开的产房中。毛巾、热水、剪刀、钳子什么都到位了，只等最关键时刻的到来。

产妇由于难产而非常痛苦地尖叫着，那位女医生也显得非常着急。她将列车长拉到产房外，说明了产妇的紧急情况，并告诉列车长，她其实只是妇产科的护士，并且由于一次医疗事故已被医院开除。现在这个产妇的情况不好，人命关天，她自知没有能力处理，建议立即送往医院抢救。

列车正在行驶中，距离最近的一站还要一个多小时。列车长郑重地对护士说："你虽然只是护士，但在这趟列车上，你就是医生，你就是权威，我们相信你。"

列车长的话感动了护士,她准备了一下就走向产房,进门时又问:"如果万不得已,是保小孩还是大人?"

"我们相信你。"

护士明白了。她坚定地走进产房。

列车长轻轻地安慰产妇,说现在正由一名专家在给她做手术,请产妇安静下来好好配合。

出乎意料,那名护士几乎单独完成了她有生以来最为成功的手术,婴儿的啼声宣告了母子平安。

那对母子是幸福的,因为遇到了热心人。但那位护士更是幸福的,她不仅挽救了两个生命,而且找回了自己的信心与尊严。因为责任和信任,她由一个不合格的护士成为一名优秀的医生。

哲学智慧

培养互助合作的美德,最重要的是要有责任感,这样每个人都会为不辱使命而努力。责任能激发人的潜能,也能唤醒人的良知。给人责任,也就是给了他信任和真诚。有了责任,在相互合作中,既帮助了别人,也成就了自己。

日常生活中也许让你危难之中敢负责任的机会很少很少,但别人需要帮助时及时伸出合作之手的机会却十分常见。一个对自己的生命负责任的人,必然是敢于负责并能够帮助别人的人,这样的人在人生中必然会有所作为、有所成就。

有了义不容辞的责任感,我们才会去关心别人,帮助别人,和别人精诚合作。

第九章

用谅解和宽容解开怨恨的死结

　　人生跋涉，谁都会遇到这样或那样的严峻考验，会遭遇或大或小的挫折。这个时候，只需你具有两种宝贵的品质便可突破艰难险阻，这就是宽容与忍耐。宽容与忍耐，是一种莫大的胆量，是一种宽阔的胸怀。宽容是为了主动地出击，是挑战失败的必要准备；忍耐是为了避开不必要的消耗，是为了积蓄更大的力量去赢得更大的挑战。每一位想创造成功的人非要了解世间的事物不可，非要有宽恕别人的心胸不可。

1. 学会放弃，忘记你的仇恨

一个伟大的人有两颗心：一颗心流血，另一颗心宽容。

——［美］纪·哈·纪伯伦

尽管人生奋斗的目的是获得，但有些东西却是不得不学会放弃的，如功名、利禄、美色……放弃并不是悲观失望地退却，而是"扬弃"。

学会放弃，是放弃那些不切实际的幻想和难以实现的目标，而不是放弃为之奋斗的过程和努力；是放弃那些毫无意义的拼争和没有价值的索取，而不是丧失奋斗的动力和生命的活力；是放弃那些金钱地位的搏杀和奢侈生活的创造，而不是失去对美好生活的向往和追求。

面对纷繁复杂的世界和物欲横流的社会，懂得放弃的人，会用乐观、豁达的心态去对待没有得到的东西，他们每天都有快乐和愉悦的心情伴随左右。而不懂得放弃的人，只会焦头烂额地乱冲，他们不仅不能达到目标，而且每天都会陷于得失的苦恼之中。

也许放弃的当时是痛苦的，甚至是无奈的，但是，若干年后，当我们回首往事时，我们会为当时的正确选择感到自豪，感到无愧于自己，无愧于人生。也许正是当年的放弃，才到达今天的光辉顶点和成功彼岸。

精彩故事 1

❋ 大力神与仇恨袋

一位老师给他即将毕业的学生讲了这样一个故事：

古希腊神话中有一位大力神叫海格力斯。一天他走在坎坷不平的山路上，发现脚边有个袋子似的东西很碍脚，海格力斯踩了那东西一脚，谁知那东西不但没被踩破，反而膨胀起来，加倍地扩大着。海格力斯恼羞成怒，拿起一根碗口粗的木棒砸它，而那东西竟然长大到把路堵死了。

正在这时，山中走出一位圣人，他对海格力斯说："朋友，快别动它，忘了它，离开它远去吧！它叫仇恨袋。你不犯它，它便小如当初；你侵犯它，它就会膨胀起来，挡住你的路，与你敌对到底！"

讲完这个故事后老师语重心长地说："你们即将走上社会，难免与别人产生摩擦、误会，甚至仇恨，但别忘了在自己的仇恨袋里装满宽容，那样你们就会少一分阻碍，多一分成功的机遇。否则，你们将会永远被挡在通往成功的道路上，直至被打倒。"

哲学智慧

假如你也有一个仇恨袋的话，请立即抛弃它吧，取而代之的是背上宽容袋上路。心胸狭隘的人是不健全的，愤怒、仇恨、嫉妒以及罪恶等都是伴随他的伙伴，背负这样的行囊是走不到成功大道的尽头的。

不管你的人生怎样不顺利，遇到多少不快或摩擦，只要你拿出一点点忍耐和宽容，一切不悦的事都会被随之化解。加强修养、目光远大、克己忍让，这些都是不断镶磨你宽容美德的金材料。法国大作家雨果说得好："世界上最宽阔的东西是海洋，比海洋更宽阔的是天空，比天空更宽阔的是人的胸怀。"让我们把自己锻炼成为一个豁达大度、胸怀宽阔的人吧！

精彩故事 2

❋ 受胯下之辱的韩大将军

汉朝开国皇帝刘邦曾说他得天下的决定因素是"三杰"——萧何、张良和韩信。其中的韩信是刘邦得天下功不可没的大将军。

韩信是淮阴人，最初是平民，家中很贫穷，他只能在熟人家混碗饭吃。淮阴的屠宰户里有些恶少，经常欺负韩信。一次他们对韩信说："你虽然又高又大，喜欢带刀佩剑，装得像个英雄似的，其实你骨子里却胆小得很。"他们在集市上公然侮辱道："韩信，你不怕死，就用佩剑来刺我们，怕死的话，就从我们的裤裆下钻过去。"韩信怒视着这群恶少，感到一种从未有过的屈辱，凭他的武艺，打倒他们是轻而易举的。但他当时的处境，别说是和人打架，就是稍有不慎都可能落得个无家可归的窘境，所以他最终还是从他们的裤裆下钻过去了。满街的人都讥笑韩信是胆小鬼。

后来，韩信投奔了刘邦。开始时并不受重用，刘备只给了他一个看粮草的职位，但是萧何对他的才干非常赏识，并对刘邦进谏道："像韩信这样的人，全军之中，谁也比不上他，大王如果想夺取天下，除了韩信，再没有一个可以同你商量军国大事的人了。"

于是刘邦就拜韩信为大将，统帅三军。韩信南征北战，为刘邦夺取天下立下了汗马功劳。

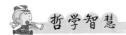

如果当初韩信学那匹夫见辱拔剑而起，因为一些小事动用武力，快意恩仇，就没有以后的拜将封侯了。身似草根的普通人，在现实生活中要学会忍得一时之气，把握好自己的命运，把精神放到实现自己宏伟的理想中去，而不为那些无谓的小事情消耗自己的生命。

人生的时间、精力是十分宝贵和有限的，若都用在了琐事的无谓之争上，岂不是虚度了人生？纵使争得又如何？到头来还不是凡夫俗子吗？

2. 控制情绪，别让不理智打败自己

能控制好自己情绪的人，比能拿下一座城池的将军更伟大。

——[法]拿破仑

只要豁达乐观，万事就能看得开，且懂得苦中寻乐。不视苦难为不幸，而是从好的一面来看待它，积极地生活，这样的人很容易成就大事。

世界上的许多问题都有正、反两重意义,关键是看你采取什么样的态度。比如,看见半瓶子酒,乐观者会高兴地说:"真好,还有半瓶子酒可以喝。"而悲观者却会充满沮丧地说:"可惜,只剩下半瓶了。"所以,无论我们处于什么样的险恶环境,都应有一种积极开朗的心态,尽量去理解事物中消极的一面,把苦难当作一种磨炼,把不幸当作一种历练。苦中寻乐,定会使你得到许多十分宝贵的经验,为你今后事业的发展奠定基础。

精彩故事 1

✽ 该道歉的是我

有一天,斯宾塞·约翰逊和办公大楼的管理员发生了一场误会。这场误会导致两人彼此憎恨,甚至演变成激烈的敌对状态。这位管理员为了显示他对斯宾塞·约翰逊的不悦,当他知道整栋大楼里只有斯宾塞·约翰逊一个人在办公室里工作时,立即把大楼的电灯全部关掉。这种情形一连发生了好几次,最后,

斯宾塞·约翰逊决定进行反击。

某个星期天,机会来了。这一天,斯宾塞·约翰逊到办公室里准备一篇在第二天晚上要发表的演讲稿。当他刚刚在书桌前坐好时,电灯熄灭了。斯宾塞·约翰逊立刻跳起来,奔向大楼的地下室,他知道可以在那儿找到这位管理员。当斯宾塞·约翰逊到达那儿时,管理员正忙着把煤炭一铲一铲地递进锅炉内,同时一面吹着口哨,仿佛什么事情都未发生似的。

斯宾塞·约翰逊立刻对他破口大骂,持续 5 分钟之久,他以比管理员正在照顾的那个锅炉内的火更热辣辣的词句对他进行痛骂。最后,斯宾塞·约翰逊实在想不出什么骂人的词句,只好放慢了速度。

这时候,管理员站直身体,转过头来,脸上露出开朗的微笑,并以一种充满镇静与自制的柔和声调说道:"呀,你今天早上有点儿激动吧,不是吗?"

他的这段话就像一把锐利的短剑,一下子刺进斯宾塞·约翰逊的身体。

想想看,斯宾塞·约翰逊那时候是什么感觉。站在斯宾塞·约翰逊面前的是一位文盲,他既不会写也不会读,虽然有这些缺点,但他却在这场战斗中打败了自己,更何况这场战斗的场合以及武器,都是自己挑选的。

斯宾塞·约翰逊知道,他不仅被打败了,更糟糕的是,他是主动的,而且

成了错误的一方,这一切只会增加他的羞辱。

斯宾塞·约翰逊转过身子,以最快的速度回到办公室。他再也没有其他事情可做了。当斯宾塞·约翰逊把这件事反省了一遍之后,他立即看出了自己的错误。

斯宾塞·约翰逊知道,必须向那个人道歉,自己内心才能平静。最后他费了很久的时间才下定决心,决定到地下室去,忍受这个必须忍受的羞辱。

斯宾塞·约翰逊来到地下室后,管理员以平静、温和的声调问道:"你这一次想要干什么?"

斯宾塞·约翰逊告诉他:"我是来道歉的,如果你愿意接受的话。"管理员脸上又露出那种微笑,他说:

"凭着上帝的爱心,你用不着向我道歉。除了这四堵墙壁,以及你和我之外,并没有人听见你刚才所说的话。我不会把它说出去的,我知道你也不会说出去的,因此,我们不如就把此事忘了吧。"

这段话对斯宾塞·约翰逊的震撼甚于他第一次所说的话,因为对方不仅表示愿意原谅斯宾塞·约翰逊,而且表示愿意协助斯宾塞·约翰逊隐瞒此事,不把它宣扬出去,以免对斯宾塞·约翰逊造成伤害。

斯宾塞·约翰逊向他走过去,抓住他的手,使劲地握了握。斯宾塞·约翰逊不仅是用手和他握,更是用心和他握。在走回办公室的途中,斯宾塞·约翰逊感到心情十分愉快,因为他终于鼓起勇气,纠正了自己做错的事。

斯宾塞·约翰逊是欧美公认的励志教育大师。他在事业生涯的初期,发现自己缺乏自制,这给他的生活造成了极为可怕的后果。斯宾塞·约翰逊是从一个十分普通的事件中发现的。这一发现使斯宾塞·约翰逊获得了一生中最重要的一次教训。

这件事发生之后,斯宾塞·约翰逊下定决心,以后绝不再失去自制。因为一旦失去自制,不管是一名目不识丁的管理员还是有教养的绅士,都能轻易地将他打败。

下定这个决心之后,斯宾塞·约翰逊立刻发生了显著的变化,他的笔开始发挥出更大的力量,所说的话也更有分量。在斯宾塞·约翰逊认识的人当中,他结交了更多的朋友,敌人也相对减少了很多。这个事件成为斯宾塞·约翰逊一生当中最重要的一个转折点。斯宾塞·约翰逊说:"这件事教导我,一个人除非先控制了自己,否则他将无法控制别人。请记住'上帝要毁灭一个人,必先使他疯狂'。"

精彩故事 ❷

※ 上帝是公正的

有一位著名的女高音歌唱家,30多岁就已经称誉乐坛,名满全球,而且郎君如意,家庭美满。

一次她到邻国开独唱音乐会,入场券早在一年以前就被抢购一空,当晚的演出也受到极为热烈的欢迎。演出结束之后,歌唱家和丈夫、儿子从剧场里走出来的时候,一下子被早已等在那里的观众团团围住。人们七嘴八舌地说着,其中不乏赞美和美慕之词。

在人们议论的时候,歌唱家只是在听,并没有表示什么。等人们把话说完以后,她才缓缓地说:"我首先要谢谢大家对我和我的家人的赞美,我希望在这些方面能够和你们共享快乐。但是,你们看到的只是一个方面,还有另外的一个方面没有看到。比如,你们夸奖的活泼可爱、脸上总带着微笑的这个小男孩,不幸的是他是一个聋哑人。而且,在我的家里他还有一个姐姐,是需要长年关在装有铁窗的房间里的精神分裂症患者。"

歌唱家的一席话使人们震惊得说不出话来,这时那歌唱家又说:"这一切我都不抱怨,我经常对自己说,上帝是公正的!"

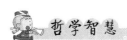

乐观是一种人生态度。对于同一条人生之路,悲观者只是痛不欲生地走路,越走越困难。而看开一切、快乐地面对人生的人,却会在困境中欣赏路上的美景,忘却痛苦,越走越轻松。

有一句话说得好:上帝用同样的天平称量着每一个人,他给你一份艰辛,相应地会在另一端放上相同分量的荣誉。人生不就是这样吗?

精彩故事 3

❋ 我没有时间去仇恨别人

1918 年,在密西西比州的松树林里发生了一件极富戏剧性的事情,差点引发了一次火刑。劳伦斯·琼斯——一个黑人讲师,差点就被烧死了。

在第一次世界大战期间,密西西比州中部流传着一种谣言,说德国人正在唆使黑人起来叛变。一大群白人宣称在教堂的外面听见劳伦斯·琼斯对他的听众大声喊着:"生命,就是一场战斗! 每一个黑人都要穿上他的盔甲,以战斗来求生存、求成功。"

"战斗""盔甲",够了。一些种族情绪高涨的年轻人趁夜冲出去,纠集了一大伙暴民到教堂里来,拿一条绳子捆住了这个传教士,把他拖到一公里以外,吊在一大堆干柴上面,并燃亮了火柴,准备一面用火烧他,一面把他吊死。这时候,有一个人叫起来:"在我们烧死他以前,让这个喜欢多嘴的人说话。说话啊! 说话啊!"

劳伦斯·琼斯站在柴堆上,脖子上套着绳圈,他没有急着为自己辩白,因为那没有用,只会加剧对方的愤怒。他用一番充满谅解和友善的话,为自己生命的理想发表了一篇演说。劳伦斯·琼斯告诉那些愤怒的、等着要烧他的人,他所做过的各种奋斗——教育那些没有上过学的男孩子和女孩子,训练他们做好农夫、机匠、厨子、家庭主妇。他还谈到有一些白人曾经协助他建立学校。那些白人送给他土地、木材、猪、牛和钱,帮助他继续他的教育工作。他说,所有有良知的黑人都希望永远和这些白人做邻居,而不是和他们战斗。

当时劳伦斯·琼斯的态度非常诚恳,很令人感动。他丝毫不为自己哀求,只希望别人了解他的理想。那一群暴民开始软化了。最后,人群中有一个曾经参加过南北战争的老兵说:"我相信这孩子说的是真话,我认识那些他提起的白人,他是在做一件好事,我们弄错了,我们应该帮助他而不该吊死他。"那位老兵拿下他的帽子,在人群里传来传去,从那些准备把这位教育家烧死的人群里募集到一笔钱,交给了琼斯。

后来有人问劳伦斯·琼斯,问他会不会恨那些把他拖出来准备吊死和烧死的人,他回答说:"我正忙着实现自己的理想,没有时间去仇恨别人。"

"我没有时间去跟人家吵架,"他说,"我没有时间可以后悔,也没有哪一个人能强迫我低下到会恨他的地步。"

哲学智慧

每一个人都会为他自己的错误付出代价。能够记住这点的人不会跟任何人生气,不会跟任何人争吵,不会辱骂别人、责难别人、触犯别人、仇恨别人。

让我们永远不要试图报复我们的仇人,因为如果我们那样做的话,我们会深深地伤害到自己。让我们像叫琼斯的那位黑人一样,不要浪费一分钟时间去想那些我们根本就不喜欢的人,把精力和感情白白地搭在他们身上是多么不划算啊!

3. 别让仇恨之火烧伤自己

最高贵的复仇是宽容。

——[法] 维克多·雨果

宽容和博爱能使人的心胸变得广阔无比,仇恨往往会使人永远处在愤怒和狂暴的阴影里,它不仅会烧伤别人,也会烧伤自己。

"即使受到伤害,我们也要学会爱人。"这句话是在 BTV 的《大宝真情互动》节目中一个女孩面对镜头时所讲的。生活的经验告诉我们,不管我们的理由如何,仇恨总是不值得的。

如果一个人不能很好地克服仇恨这一弱点,那就好像戴着枷锁和脚镣登山。这样不但会影响人的速度,更有使人坠进无底深渊的可能。《圣经》上说:"充满爱意的粗茶淡饭胜过仇恨的山珍海味。"

当我们对敌人心怀仇恨时,就是赋予了对方更大的力量来压倒我们自己,就是给他机会来控制我们的睡眠、胃口、血压、健康,甚至我们的心情。如果我们的敌人知道他带给我们这么多的烦恼,他一定高兴死了!仇恨伤不了对方一根汗毛,却把自己的日子弄成了炼狱。

请记住曾出现在纽约警察局的布告栏上的一段话:"如果有个自私的人占了你的便宜,把他从你的朋友名单上除名,但千万不要为仇恨而去报复。一旦你心存报复,这对你的伤害绝对比对别人的大得多。"其中的潜台词不言而喻。

精彩故事 1

✳ 远离愤怒

一位女士得了严重的心脏病,医生命她卧床休养,并交代她不论发生什么情况都不得动怒。因为医生知道如果心脏衰弱,任何一点愤怒都会要人的命。真的如此吗?几年前华盛顿的一位餐厅老板就因一次愤怒而亡。警方报告说:"威廉·法卡伯曾是咖啡店老板,因厨子坚持用碟子饮用咖啡,竟一怒而亡,因为他急怒之下抓起左轮枪追杀厨子,心脏衰竭,倒地不起。验尸报告宣告心脏衰竭的起因是愤怒。"

 哲学智慧

耶稣说:"爱你的敌人。"他可不只是在传道,他宣扬的是21世纪的医术。耶稣说:"原谅他们77次。"他是在告诉我们如何避免因仇恨而患高血压、心脏病、胃溃疡以及过敏性疾病。

如果我们的仇人知道他能消耗我们的精力,使我们神经疲劳、容颜丑化,搞得我们心脏发病、提早归西,他难道不会拍手偷笑吗?

即使我们没办法爱我们的敌人,起码也应该多爱自己一点。我们应该爱自己,不让敌人控制我们的心情、健康以及容貌。莎士比亚说过:"仇恨的怒火,将烧伤你自己。"

鼠肚鸡肠、竞小争微、只言片语也耿耿于怀的人,没有一个能成就大业。用自己的爱心去宽恕他人是赢得友善的重要基础,是化解怨恨的关键所在,也是走向成功之路所必不可缺的宝贵品格。

精彩故事②

❋ **原谅生母的弃儿**

卡尔收养的女儿凯西,是一个天真烂漫、爱头脑发热的 16 岁少女。她的生母遗弃了她,她很气愤,一直奇怪自己为什么不值得生母抚养。后来,她找到自己的生身父母,发现他们很年轻,十分贫穷,而且没有结婚,只是同居在一起而已。

这时,凯西的一个女友怀孕了,后来又因为害怕把婴儿打掉了。凯西帮助她的女友渡过了难关。渐渐地,她懂得了,在这种环境下,这么做是对的。她开始理解自己生母当时的处境——因为太爱自己的孩子,所以只得送给别人,否则就会饿死。凯西的同情心使她的愤怒情绪渐渐平息,她原谅了自己的生母,并开始发现自己作为一个坚强有用的人的价值。

哲学智慧

复仇从来就不能治愈创伤,相反,它会导致伤害者与被伤害者之间无休止地相互报复。"圣雄"甘地说得好,如果我们都把"以眼还眼"式的公正作为生活准则,那么全世界的人都将成为瞎子。神学家莱茵霍德·涅博尔在第二次世界大战后也说:"我们最终必  须与我们的敌人和解,否则,我们双方都将在相互仇恨的恶性循环中死去。"谅解解开了我们心中痛苦的死结,并为相互和解敞开了大门。

当我们谅解他人的时候,我们既治愈了创伤,又创造了一个摆脱过去痛苦的新起点。

精彩故事③

❋ **为小和尚守夜的老禅师**

相传古代有位老禅师,一天晚上,他在寺院里散步,忽见墙角边有一把

椅子,他一看便知有弟子违反寺规越墙而出。老禅师并不发怒,他走到墙边,移开椅子,就地而蹲。少顷,果真有一个小和尚翻墙,黑暗中小和尚踩着老禅师的脊背跳进了院子。当他双脚着地时,才发觉刚才踏的不是椅子,而是自己的师傅。小和尚顿时惊慌失措,张口结舌。但出乎小和尚意料的是,师傅并没有厉声责备他,只是以平静的语调说:"夜深天凉,快去多穿一件衣服。"

哲学智慧

老禅师宽容了他的弟子。他知道,宽容是一种无声的教育。

有人说宽容是软弱的象征,其实不然,有软弱之嫌的宽容根本称不上真正的宽容。宽容是人生难得的佳境——一种需要操练和修炼才能达到的境界。

生活中,有很多人总是与别人斤斤计较,结果周围的人都成了他的敌人,他成了孤家寡人,陷入尴尬痛苦的境地。怎样才能改变这种状况呢? 只有一个办法,那就是学会宽容。

在滚滚红尘中忙碌,面对一个小小的过失,常常一个淡淡的微笑,一句轻轻的歉语,便会获得包涵谅解,这就是宽容。在人的一生中,常常因一件小事、一句不经意的话,使人不理解或不被信任,但不要苛求他人,以律人之心律己,以恕己之心恕人,这也是宽容。所谓"己所不欲,勿施于人",也是寓理于此。

学会宽容,意味着你不再心存疑虑,它将使你获益终生。